1. 河北省高等学校科学技术研究项目资助（2022QNJS07）河北省省属高等学校基本科研业务费研究项目"钢结构节点焊缝在不同受理情况下的声发射特征及应用研究"

2. 河北省教育厅青年基金项目，"声发射技术在钢筋混凝土损伤识别中的应用研究"

声发射无损检测技术在钢结构焊缝检测中的实践应用研究

李敏峰　著

U0253996

天津出版传媒集团

天津科学技术出版社

图书在版编目（CIP）数据

声发射无损检测技术在钢结构焊缝检测中的实践应用
研究 / 李敏峰著. -- 天津：天津科学技术出版社，
2023.5

ISBN 978-7-5742-1153-7

Ⅰ. ①声… Ⅱ. ①李… Ⅲ. ①钢结构 – 焊接 – 无损检
验 Ⅳ. ①TG457.11

中国国家版本馆CIP数据核字(2023)第082242号

声发射无损检测技术在钢结构焊缝检测中的实践应用研究
SHENGFASHE WUSUN JIANCE JISHU ZAI GANGJIEGOU HANFENG
JIANCE ZHONG DE SHIJIAN YINGYONG YANJIU

责任编辑：曹　阳

责任印制：兰　毅

出　　版：天津出版传媒集团
　　　　　天津科学技术出版社

地　　址：天津市西康路35号

邮　　编：300051

电　　话：（022）23332377

网　　址：www.tjkjcbs.com.cn

发　　行：新华书店经销

印　　刷：石家庄汇展印刷有限公司

开本 710×1000　1/16　印张 13.75　字数 182 000

2023年5月第1版第1次印刷

定价：78.00元

前　言

　　本书是关于声发射无损检测技术在钢结构焊缝检测中的应用方面的著作。声发射技术是一种无损检测钢结构焊缝的技术，它的应用很广泛，能很好地进行钢结构焊缝的检测。

　　第1章对声发射检测进行了概述。首先介绍了声发射的概念、声发射技术的发展历程；其次介绍了声发射检测的基本原理及主要目的；最后介绍了声发射检测的特点。

　　第2章介绍了声发射检测系统及检测处理注意事项。首先对声发射检测仪器进行了概述；其次对声发射信号的探测进行了深层的挖掘，并对信号电缆和信号调理进行了详细的阐述；最后介绍了试块与耦合剂以及焊缝清理等内容。

　　第3章介绍了声发射信号处理和分析方法。首先介绍了声发射的来源；其次介绍了声发射信号，对声发射信号处理和分析方法进行了概述，并对经典声发射信号处理和分析方法进行了详细的阐述；最后对声发射源定位技术和现代信号处理和分析技术进行了深层的讲解。

　　第4章研究了钢结构中常见的焊缝类型，它包括对接焊缝、角焊缝和电渣焊缝。

　　第5章介绍了钢结构焊缝的检测标准，它包括钢结构设计与焊接工艺以及焊缝检测的要求等内容。

　　第6章介绍了声发射检测技术在钢结构焊缝检测中的应用。首先介绍了钢结构焊缝声发射信号采集、钢结构焊缝声发射信号降噪、到达时间识别方法及声发射源定位等内容；其次介绍了声发射在对接焊缝、角焊缝和电渣焊缝的检测中的应用等内容；最后介绍了声发射检测数据的分析方法。

第 7 章对声发射检测未来的发展进行了展望。

在本书的编写过程中，由于时间仓促，作者水平有限，书中难免有疏漏和不足之处，敬请广大读者批评指正。

李敏峰

2023.1

目 录

第 1 章　声发射检测概述

1.1　声发射的概念

声发射（Acoustic Emission，AE）从字面理解就是发出声音的意思，它是一种人们生产生活中常见的物理现象。任何事物发生变形都会发出声音，比如，当人们用手弯曲筷子时会发出声音，刚开始用力时声音非常小，甚至听不到，但是不断地用力筷子会发出噼噼啪啪的声音，在筷子折断时发出的声音最大。这就是声发射的一种。人们可以根据筷子发出的声音来判断筷子的变形状态，判断筷子是弯曲状态还是折断状态。

此外，很多现象都可以解释声发射概念。当窗户的玻璃被打破时会发出声音，人们也可以根据声音来判断玻璃是不是被打破。当地震发生时也伴随着声发射。地壳受到地球内部和外部因素的影响，地应力增大，使地壳中的岩层发生断裂或错层，从而导致地震的发生。在地震发生时，地震波会从震源向外传播，人们通过对地震波的接收和处理，就可了解地震发生的地点和地震深度，也可研究地震发生的原因。

机械制造会用到大量的金属，金属在力的作用下也会发出声音。其中"锡鸣"就是典型的例子，人们在不断弯曲锡片时，锡片会发出噼啪声，发出声音的原因是锡片受到了外力影响产生变形，这种变形机构称作孪生。金属锡与其他金属相比，在外力影响下，其发出的声音较大，这是因为孪生过程释放的应变能较大，所以可以产生较强的声发射，这也是人可以听到声音的原因。

绝大多数金属在受外力影响时也会发出声音，比如铜、铝、铁、钢等，但是这些金属发出的声音较小，人甚至听不到，这是因为这些金属的变形机构和锡不同，发出的声音只有借助仪器才能听得到。

上面讲到的是物体在力作用下发出声音的例子。除了力之外，电磁、热也可以让物体发出声音。比如，在烧水时，水温不断上升，水会出现上下对流，水的对流也伴随着声发射，对流越大发出的声音越大。所以人们可以通过烧水时产生的声音大小来判断水是否沸腾。

电磁也可以发出声音，以变压器为例，变压器通电后，会引起变压器材料的磁致伸缩和电磁场的涡流，从而发出声音，因此，电工可以通过声音来判断变压器的工作状态。

综上所述，声发射就是材料在受到内力或者外力作用下，产生变形或断裂时，以弹性波的形式释放出应变能的现象。此外，声发射也指当固体内部存在缺陷或潜在缺陷时，在各种外部条件作用下其改变状态而发出声音的现象。

从声发射源发出的弹性波传至材料表面，会出现非常微弱的机械振动。对于这种振动波，人是否能够听到取决于该波的频率和强度，也就是振幅。人可以听到的声波频率范围是 20 Hz ～ 20 kHz 频率低于 20 Hz 的振动波被称作次声波，频率高于 20 kHz 的振动波被称作超声波。这两类声波不会引起人对声音的感觉，所以听不到。

材料不同其声发波频率也不同，各种材料的声发波频率范围非常宽，从次声波、声波到超声波，因此，声发射也被称作为应力波发射。利用声发射技术可以扩大人的听力范围，使人们能够探测到超声波和强度较低的声音。

此外，声发射一词在不同国家和不同领域名称略有不同，与其相同或近似的名词有声放射、超声发射、声辐射。比如，在地震学中有微地震、声学活动性、地震辐射、微震活动性等名词。

1.2 声发射技术的发展

声发射是一种自然现象，在自然界中随时都会发生。现在已经无法考证人们什么时候第一次接收到声发射信号，但是，人们生产生活中折断树枝、岩石破碎等断裂过程是人们较早接触到的声发射现象。此外，"锡鸣"是人类第一次发现金属材料的声发射现象。

1.2.1 国外声发射技术发展概况

德国物理学家 Kaiser J. 于 1950 年至 1953 年，对工程上常见的声致发射物质进行了深入的研究，在此基础上，发现金属中的声致发射物质具有"记忆性"，提出了声致发射方面的重要理论——Kaiser 效应，并对其做了较为系统的、科学的讨论，为后续的声致发射技术的发展打下了坚实的基础。这也是现代声学技术的开始。

1954 年，肖菲尔德将声发射技术介绍到美国，这引发了美国工程局对该技术的一场研究狂潮。

20 世纪 60 年代，美国和德国等国家对声发射技术给予了高度关注，并对其进行了较大的开发。这一阶段的主要成果有两个：一是发现了超声波波段的声发射探测信号；二是在压力容器上采用了声发射技术，并取得了较好的效果。

Dunegan 等人首次将声发射测试频率从传统的声学测试频率提高至 100 kHz ～ 1 MHz，采用窄带式滤波器对北京噪音进行了有效抑制，推动了 Dunegan 从测试到在线测试的转变。

美国通用动力公司于 1964 年将声发射技术用于"北极星"导弹外壳的无损检测，这是第一次将声发射技术用于工程化测试，它标志着该技术在美国的科研和使用水平上取得了突破性进展。

早在 1966 年，人们就已经将声发射技术运用到了对裂纹进行定位与探测中。

到了 1968 年，由于声发射技术在大型压力容器中的使用，声发射技术已经步入了商品化的道路，已经具备了一定的实用价值，并进入了新的发展时期。

20 世纪 60 年代后期至 20 世纪 70 年代，随着美国、日本及西欧等国的经济迅速发展，以及"高品质"的经济思想的出现，各国政府及产业界都对 AE 技术进行了大量的扶持。AE 技术的应用与研究也因此迎来了它的黄金时代。这个阶段声发射源机理的研究、声发射的位错研究、声发射和断裂机理的确定，都有了很大的进展。

自 1968 年以来，国际上已广泛使用声发射检测仪。国内外学者对声波的产生机理以及声波的传播过程进行了较为全面、深入的研究。

20 世纪 80 年代，由于对其产生机理没有很好的认识，AE 技术的发展陷入了停滞。即便是在这种情况下，研究者也能做出一些成绩来。一是将声发射的探测目标由原来的金属拓展到了各种不同的物质；二是 Fowler 博士在测试纤维增塑管时，发现了 Kaiser 效应的判据，即 Felicity 比。

20 世纪 80 年代中后期，随着信号处理技术、微处理器技术以及高速 A/D 转换技术的进步，AE 技术在仪器研制、信号处理、基础测试等方面都有了较大的进步，从而使 AE 技术从最初的工业生产到现在的工业生产，再到后来的工业生产，AE 技术在工业生产中有了较大的发展，尤其是在材料和非破坏性测试等方面的作用日益凸显。

1987 年至 1990 年，美国赖特实验室与麦克唐纳 – 道格拉斯公司联合使用声发射技术，在 F–15 上观测到了疲劳裂缝的发展。

自美国学者戈尔曼在 1991 年建立了平板波导理论之后，模式声发射技术在实际工程中得到了广泛运用，并获得了较好的结果。

20 世纪 90 年代末，美国 DW 公司首次将模式声发射技术应用于航空结构的疲劳纹路探测，并在此基础上，提出了一种基于低次均匀平板波动的疲劳纹路传播方法，该方法使宽频带传感系统能够采集到该类型的裂缝信息，并能将其与背景噪音进行区分。

20 世纪 90 年代，随着声发射技术的不断发展，美国、德国等多个国家相继研发并制造出了高性能的多通道声发射探测系统。随着 AE 技术在交通安全、工业生产、航空安全等领域的不断发展和完善，AE 技术得到了越来越多的应用，它包括材料机械性能测试及其他方面的应用。另外，这一阶段的 AE 信号分析方法日趋完善，AE 信号处理软件也随之日趋成熟，这将为 AE 信号的来源、识别等方面的研究奠定基础。

近年来，信号采集和分析技术的持续发展，以及神经网络、模式识别、小波分析等方法的应用，推动了声发射技术向更深层次、更广领域发展，使声发射技术进入全新发展阶段。

1.2.2 声发射技术国内发展概况

我国声发射技术的研究是在引进和消化国外声发射技术的基础上，结合实际工程应用发展起来的。国内声发射技术发展可分为三个阶段，如图 1-1 所示。

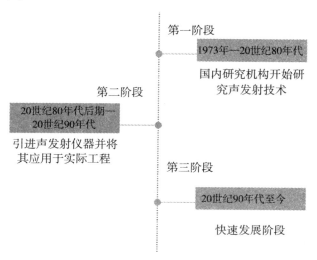

图 1-1　国内声发射技术发展

1973 年，我国第一次进行了 AE 技术的研发与应用。此后，中国科学院金属研究所、武汉大学、上海交通大学、北京航空航天大学，以及其他一些科研院所，纷纷投入这一领域。然而，由于对 AE 设备、AE 数据处理技术等的缺乏，AE 技术在未来十年中并无大的发展。

从 20 世纪 80 年代末开始，国内的某些机构开始逐步将声发射技术运用到工程勘察中。在此期间，我国科研院所与企业陆续引入了美国的 24 路生物辐射分析仪（Spartan-AT），中国特殊装备测试中心已将其用于油气工业中大型储罐、气瓶等的测试，并获得了较好的社会与经济效益。另外，中国航天科工集团第四研究院、冶金工业部安全环保研究院（现为中钢集团武汉安全环保研究院），大庆油田勘探开发研究院以及其他一些科研机构，也纷纷从国外进口了 Spartan、Locan 两种不同类型的声发射设备，并在飞行器、金属、压力容器、复合材料等方面进行了相关的研究。

20 世纪 90 年代以来，我国对声发射探测技术的研究与应用取得了长足的进步，并且该技术在辽河油田、大庆油田等石化行业中得到了广泛应用。胜利油田等单位采用了声发射仪检测压力容器的方法。

在飞机损伤探测中，中航工业航空动力控制系统研究所（614 所）通过声发射技术实现了飞机疲劳试验中疲劳裂缝的产生与发展，并对飞机大梁螺栓孔、飞机隔板等处的裂缝发展进行了实时预报，取得了与国外相同的结果。

北京交通大学的秦国栋、刘志明、王文静等人通过多种试验方法收集 16 MnR 钢的疲劳 AE 信号，并通过对其 AE 信号的分析，得到 16 MnR 钢在整个低周疲劳寿命周期内 AE 信号的变化规律，构建 16 MnR 钢损伤等级 AE 评价模型。

根据数据显示，现在我国，有超过 150 个高校、科研院所和专业检验机构在进行声发射技术的应用和研究，并进行了相关仪器的开发和生产，另外，已经有 600 多名人员获得了声发射检测的从业资格证书。

1.3 声发射检测技术的基本原理及主要目的

1.3.1 声发射检测的基本原理

声发射波的产生是构件或材料中的局部区域快速卸载、释放弹性的结果。不同的声发射构件或材料的弹性释放的时间、方式和速度也不同，这就决定了声发射信号的特征也不同，比如波形、频率、振幅等。所以，声发射的特征和构件或材料的性质存在相应的对应关系。根据这种对应关系，可以利用仪器检测、记录、分析声发射信号，即可以推断声发射源和构件或材料的一些性质，比如缺陷的种类、大小和分布。

声发射检测的基本原理如图1-2所示。声发射源产生的弹性振动会以应力波的形式传播，应力波传播到构件或材料的表面会引起材料表面位移。声发射传感器将这些位移产生的振动转换成电信号，声发射检测仪对这些电信号进行分析和处理。

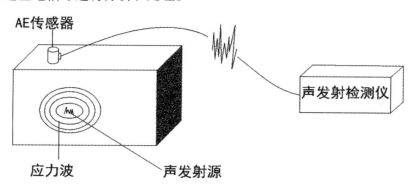

图 1-2　声发射检测的基本原理示意图

图1-3为典型的声发射系统原理图。声发射传感器把材料的机械振动转换成电信号，这些电信号经前置放大器放大，滤波器进行滤波，主放大器放大以后，数据采集卡对其进行收集，然后将其送入计算机进行分析和处理，最终获得结果并显示出来。

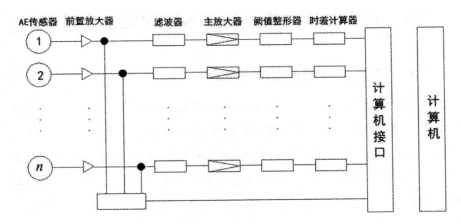

图 1-3　典型声发射系统原理图

1.3.2 声发射检测的主要目的

（1）确定声发射源的部位。

（2）评定声发射源的活性和强度。

（3）分析声发射源的性质。

（4）确定声发射发生的时间或载荷。

1.4　声发射检测的特点

1.4.1 声发射检测的优点

声发射检测一般是在动态下进行的。与其他检测相比，声发射检测具有以下优点。

1. 可以对检测对象进行实时动态检测

声发射检测可根据信号特征评价缺陷的危害程度，也可检测结构的完整性并预测其使用寿命。

2. 检测区域面积大、检测效率较高，适合对大型结构的检测

利用多通道声发射检测仪，经一次声发射检测可对复杂和大型设备

进行整体完整评价，并可确定缺陷位置，其操作快速、方便、简单。声发射检测具有很好的经济效益。

3. 应用范围广

声发射检测基本可以检测所有材料，而且不受被检测对象的形状、尺寸、外部环境等影响。

4. 可提供声发射信号随荷载、温度、时间等外部因素变化的动态声发射信号

可对因未知不连续缺陷导致的系统灾难进行预防，也可确定被检测对象的最高工作荷载，适用于早期、临近破坏、过程监控的预报。

5. 声发射检测是一种被动式检测

声发射检测过程中的信号来源于被检测对象，不会对检测仪器造成影响。适用于构件或设备的定期检测，检测所需时间短，停工停产时间短，甚至不需要停工停产。

1.4.2 声发射检测的缺点

1. 对检测人员的要求较高

声发射检测的重要依据是电信号，以这些电信号为依据来解释构件或材料的内部损伤比较复杂，这就对检测人员提出了更高的要求，需要检测人员具有一定的理论知识和实践经验。

2. 易受噪声影响

声发射检测是一种被动式检测，在检测中接收到的信号往往较弱。另外检测对象通常是工业生产设备，厂房常伴有较强的噪声，检测过程易受噪声影响，导致检测难度提升。

3. 信号具有随机性、复杂性、模糊性

声发射的信号具有模糊性和随机性，此外声波在传播过程中具有复杂性，这在一定程度上制约了声发射检测技术的发展和应用。

第 2 章　声发射检测系统

2.1　声发射检测仪器发展概述

自从美国 Dunegan 公司在 1965 年推出第一台商业声发射检测仪器以来，声发射仪器已历经 58 年发展。以声发射代表技术创新发展来看，声发射仪器发展经历了以下三个发展阶段，如图 2-1 所示。

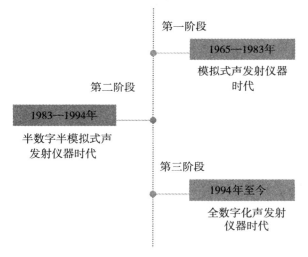

图 2-1　声发射检测仪器发展阶段

2.1.1　第一阶段（1965—1983 年）

该阶段是模拟式声发射仪强调仪器的时代，在这个时期，声发射传感器、模拟滤波技术、前置放大器技术和其他硬件不断完善和发展。这一时期的硬件设备存在一定的缺陷，其主要缺陷如下。

（1）增益过大容易引起前置和后置放大器阻塞。

（2）模拟波难以剔除一些噪声信号。

（3）各个通道的信号采集、传递、计算、存储和显示都要占用重要处理单元的时间，这会导致速度变慢，系统易出现闭锁状态。

由于这些缺陷，这个时期的声发射仪器使用者满意度较低，这也导致该时期声发射技术发展缓慢。

2.1.2 第二阶段（1983—1994 年）

该阶段是半数字和半模拟式声发射仪器的时代，该时期的代表为美国 PAC 在 1983 年开发和随后推出的 Spartan-AT 系统。Spartan-AT 系统采用专用模块组合式，首次应用多个微处理器组成系统，该系统把采集功能、存储功能、计算功能分开，并利用 IEEE488 标准总线和并行处理技术，实现实时数据通信和数据数理。

SPARTAN-AT 系统中的一个单元由两个通道组成，并设置有专业微处理器，从而形成了独立通道控制单元，其可完成实时数据采集。此外，主机使用 Z80 微处理计算机，使得声发射检测仪对信息的分析和处理能力大幅度提高。这也促使声发射技术被应用于众多工程领域。

2.1.3 第三阶段（1994 年至今）

该阶段的代表是全数字化声发射仪器的诞生。全数字化声发射仪器和上述两个阶段的仪有很大区别，是声发射仪器的重大进步，其主要特点是，AE 传感器接收到声发射信号，该信号由放大器放大，再经高速 A/D 转换器转换成数字信号，在采用专用数字硬件提取各种相应的参数特征量。

全数字化声发射仪的优点：系统采用模块化、积木式并行结构设计，其基本单元为模拟波形数据的 A/D 转换和数字信号处理或可编程逻辑电路，其作用是提取声发射参数。全数字化声发射仪还具有另一个重要功能，即可以就瞬态波形进行波形分析和处理。全数字化声发射检测仪器具有良好的抗干扰性能和很高的信噪比，此外，其可靠性较高、不容易受到外部环境各种因素的影响。

现阶段，声发射仪的发展趋势是全数字全波形声发射仪，其特点是硬件仅用于采集数字声发射信号波形，参数产生、滤波等功能由软件来完成。

目前，声发射仪器的数据存储方式可分为三种：第一种是参数型，第二种是波形型，第三种是混合型。图 2-2 为典型声发射仪的功能框架图。

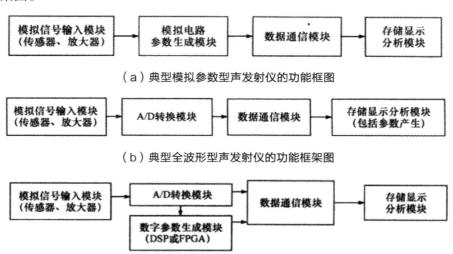

（a）典型模拟参数型声发射仪的功能框图

（b）典型全波形型声发射仪的功能框架图

（c）典型数字参数－波形声发射仪的功能框图

图 2-2　典型声发射仪的功能框图

2.2　超声波探伤仪与探头

2.2.1 超声波探伤仪

超声波探伤仪是在进行焊缝无损检测时使用的仪器，超声波探伤仪的分类如下。

1. 以声源的能动性来分（广义的分类）

（1）能动声源探伤仪（声发射）在外力的作用下，被测物体内部的缺陷，能动地发射声波（称声发射），根据声发射的有无和声发射的频谱以及诱发声波的外部条件，来判断缺陷的有无及其严重程度。

声发射的频谱从低声频（几赫）到超声频（几十兆赫）。声发射可用于动态检验，如核反应堆、承压容器、复合材料等。

（2）被动

2. 以声波的连续性来分

（1）脉冲波探伤仪。对时间而言，它周期性的发射不连续的并且频率不变的超声波（脉冲波），如图 2-3 所示。

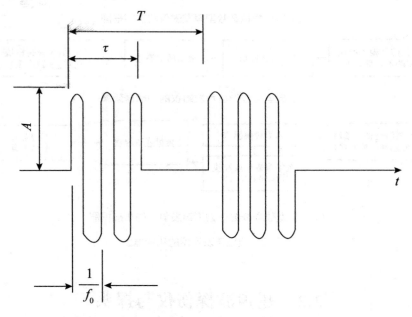

f_0—超声频率；τ—脉冲宽度；T—重复周期；A—振幅；t—时间。

图 2-3　脉冲波

（2）连续波探伤仪。对时间而言，它发射连续的且频率不变（或在小范围内周期性的频率微调）的超声波（连续波），如图 2-4 所示。

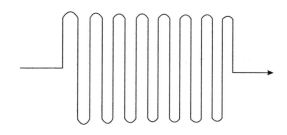

（a）频率不变

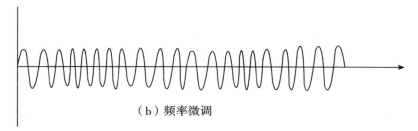

（b）频率微调

图 2-4　连续波

（3）调频波探伤仪。对时间而言，它周期性的发射连续的频率可变的超声波（调频波），如图 2-5 所示。

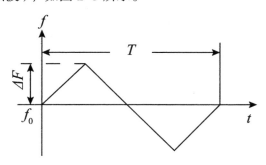

f_0—中心频率；f—频率；T—重复周期；t—时间；ΔF—最大变化频率。

图 2-5　调频波

3. 以缺陷的显示方式来分

缺陷的有无，主要以声（报警器）及光（荧光屏或指示灯）的方式显示，且以光显示为主。

（1）A 型显示探伤仪。它为幅度显示，可以显示缺陷的有无及深度，并由其幅度估算缺陷的大小。

（2）B 型显示探伤仪 。它为图像显示。可以显示工件任一截面上缺陷的分布及缺陷的深度。

（3）C 型显示探伤仪。它为图像显示。可以显示缺陷的面积，但不能显示缺陷的深度。

A 型、B 型、C 型三种显示的比较，如图 2-6 所示。

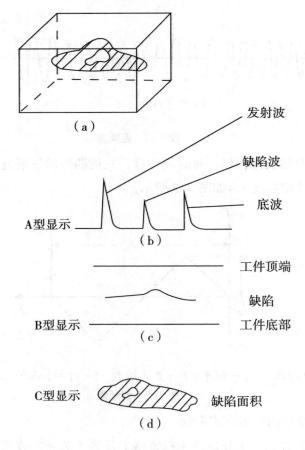

图 2-6　A 型、B 型、C 型三种显示

（4）超声全息照相探伤仪。它可以显示缺陷三维空间的立体图像。

4. 以声波的通道来分

（1）单通道探伤仪。由一个（或一对）探头单独工作。

（2）多通道探伤仪。由多个（或多对）探头交替工作，适用于自动化探伤。

2.2.2 探头

探头的用途及种类如下。

探头主要由压电晶片组成。探头可发射及接收超声波。

探头由于结构不同，可分为直探头（纵波）、斜探头（横波）、表面波探头（表面波）、兰姆波探头（兰姆波）、可变角探头（纵波、横波、表面波、兰姆波）、双探头（一个探头发射，另一个探头接收）、聚焦探头（将声波聚集为一细束）、水浸探头（可浸在液体中）以及其他专用探头（如探高压瓷瓶的 S 型或扁平探头及探人体的医用探头）。

2.3　声发射信号的探测

在固态介质中，AE 信号包含着声源的一些特征信息，只有在固态媒质上接受 AE 信号，才能准确地反映出物质性质和缺陷的发展情况。AE 信号为一种暂态的随机波动，其垂向偏移非常小，其频谱分布在次声波至超声波（数赫兹至数十兆赫兹）之间。因此，对 AE 检测的响应速度、灵敏度和增益提出了更高的要求，即具有较大的动态范围，较强的分块恢复功能，以及可选择性的频率探测窗等特性。在实际声发射的探测中，所探测到的信号常常是一个复合的、由多个回波、多个波形转换而成的复杂信号。该传感器通过对声发射信号进行采集，将其转化为电信号，并通过标定方式得到其频率 - 敏感性曲线，从而可以针对不同的探测需求和应用场合，选择不同类型、不同频率、不同灵敏度的传感器。

2.3.1 压电效应

在进行声发射探测时，所用的传感器一般都是以压电式为基础的。压电效应是一种可逆的现象，是一种可以同时发生的现象。通常情况下，正向的压电作用，称作压电作用。当某种材料受到作用向外的外力，使其发生形变时，其两面都会出现正、负电荷，但一旦该外力消失，这两面就会恢复为无电状态。这就是我们所说的正向压电效应。电介质受力所产生的电荷与外力的大小成正比，比例系数是压电常数，它与机械变形方向相关，一定材料、一定方向的为常数。在压力作用下，绝缘体所生成的电荷的极性，依赖于形变（挤压还是拉伸）的形态。

压电材料是指具有显著压电特性的物质，常见的有石英晶体、铌酸锂、镓酸锂、锗酸铋等单一或多元晶体，而聚偏二氟乙烯、氧化锌、硫化镉等是新的压电物质。单个物质的压电效应，是指在外部压力作用下，其内部物质的结构发生变化，从而导致单个物质的电荷密度发生了变化，从而导致单个物质的压电性能发生改变。基于正压电效应制作的压电式传感器，可以将压力、振动、加速度等非电能转化为电能，以实现对其精确测量。

因为它同时具备了两个重要特性：自发性和可逆性，以及它的体积小、量轻、结构简单、工作可靠、频率响应高、灵敏度和信噪比高等，压电传感器在实际中得到了广泛应用。在测试技术中，压电转换元件属于一类具有代表性的力敏元件，它可以将压力、加速度、机械冲击和振动等最终转化为力的物理量进行测量，所以它在声学、力学、医学和宇航等领域中有非常广泛的应用，它的主要缺陷是没有静态输出，因此需要有非常高的电输出阻抗，需要使用低容量的低噪声电缆。许多压电体的工作温度仅为250℃。

当在电介质的极化方向上施加电场时，这些电介质将会在一个方向上产生机械变形或机械应力。这就是人们所说的逆压电效应。基于逆压

电效应，可以制作出具有高稳定性的超声波发生器、压电扬声器，以及
具有较高稳定性的石英钟（例如 2×10 nm/s 石英钟）等。

2.3.2 传感器

当前，电子技术、计算机技术和微电子技术的快速发展，促进了电学
量的发展，使得电学量变得易于测量和处理，传感器一般由三部分组成：
一是敏感元件，二是转换元件，三是转换电路。这三部分的功能如下。

1. 敏感元件

敏感元件可以直接感受被测对象的参数，并确定关系和输出物理量，
其中包括电学量。

2. 转换元件

敏感元件把非物理量传送至转换元件转换成电学量，其中非物理量
包括位移、应力、光强等，电学量包括电压、电流等。

3. 转换电路

把电路参数量，比如电阻、电容等，转换成容易测量的电参数，比
如电压、频率等。

2.3.3 传感器的耦合和安装

声发射信号的获取需要通过传输介质、耦合介质、换能器、测量电
路，图 2-7 是影响声发射信号接收的因素，从图 2-7 可以看出影响声发
射信号接收的因素很多，因此，在传感器的安装及表面和检测面的耦合
等方面有严格的要求。

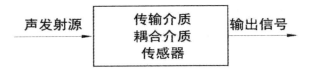

图 2-7 影响声发射信号接收的因素

1. 耦合剂

首先，被检测表面上有许多细微的缝隙，耦合剂的作用就是要将缝隙填满，这样缝隙内的气体就不会对声波的传播产生一定的影响；其次，耦合剂作为"过渡"，减小了探头与被检测表面之间的声波阻力，使反射损耗减小到最小；最后，耦合剂还具有"润滑"的功能，将传感器与被检测表面之间的摩擦力降低到最低限度。

耦合器的品质与采集到的信号品质有密切的关系，如果耦合器品质差，将造成声场的能量损耗增加，分辨率下降，甚至有可能造成感应器的损伤。通常使用的耦合剂是凡士林、真空脂、牛油等。对耦合剂有以下要求。

（1）消声系数低，具有良好的透声性能。

（2）黏性低，易于清除。

（3）黏性要适度，这样在用的时候，才能很好地被挤压出来，而不是流动的。

（4）在换能器的表面材料和被检测表面的表面材料之间，应具有较好的声阻抗匹配。

（5）必须保持较高的水分，不容易风干。

（6）透明、无泡沫、颜色鲜艳。

（7）无杂质、无微粒、均匀性好、无阻塞。

（8）产品的稳定性好，黏度、色泽稳定，无霉变，无分层，无沉淀。

（9）所接触传感器和所接触被检测物体的表面不得被损害或侵蚀。

2. 固定方法

传感器的固定方法主要分为两种，一是机械固定，二是磁吸附固定。固定方法要根据传感器类型、被检测对象表面情况、声发射信号影响来选择。

3. 波导

若被检测表面有高温、低温、高压、疏松等情况，则不能把声发射传感器固定在被检测表面，这时候需要利用波导进行声连接，也就是利用波导接收声发射信号。常用的波导有金属管或金属棒组成的波导，波导一端固定在被检测表面，另一端连接声发射传感器。

2.3.4 传感器的分类和选择

声发射检测系统的重要组成部分是传感器，它起到至关重要的作用，也是影响系统整体性能的重要因素。若传感器设计不合理，则会导致实际接收到的信号和理想中接收到的信号有很大差别，也会影响数据的真实度和处理结果。

1. 传感器的分类

在声发射检测系统中，使用较多的是谐振式传感器和宽频带传感器。目前，常用的传感器类型有以下几种，如图 2-8 所示。

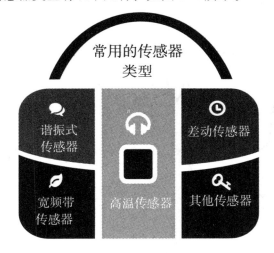

图 2-8　常用的传感器类型

（1）谐振式传感器。

谐振式传感器是目前应用较多、敏感度较好的传感器。在实际工程应用中，对金属材料或构件常使用公称频率 150 kHz 的谐振式窄带传感器来测量声发射信号，采用计数、能量、幅度、持续时间、上升时间等传统声发射参数。谐振式传感器具有灵敏度高、信噪比高、规格多、价格便宜的优点。在已了解材料声发射源特性的情况下，可通过选择合适型号的谐振传感器来获取某一频带范围的声发射信号，也可通过提升系统的敏感度来获取。图 2-9 为声华 SR150M 型谐振式传感器的幅度灵敏曲线。

（2）宽频带传感器。

谐振式传感器在某些情况下有一定的局限性，比如在与声发射源有关的力学机理尚不清楚的情况下。为了获取更加真实的声发射信号来分析研究声发射源特性，这就需要利用宽频带传感器来获取信号。

宽频带传感器的最大特点是声发射信号采集全面丰富，但是需要指出的是这些信号中也包括噪声信号。该传感器为宽频带、高保真位移或速度传感器，可以捕捉到真实的波形。图 2-10 为声华 WG50 型宽频带传感器的幅度灵敏曲线。

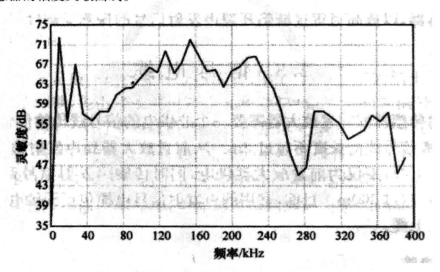

图 2-9　升华 SR150M 型谐振式传感器的幅度灵敏曲线

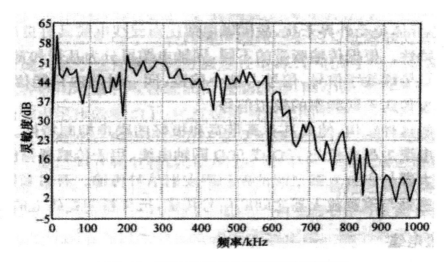

图 2-10　声华 WG50 型传感器的幅度灵敏曲线

（3）高温传感器。

在被检测表面温度较高（温度在 80 ～ 400 ℃时），需要使用高温传感器，高温传感器是由铌酸锂或者钛酸铅陶瓷制成的。

（4）差动传感器。

差动传感器由正负极反接的压电元件组成，它输出差动信号，由于信号的叠加，所以差动传感器可以提高检测信号的信噪比。

（5）其他传感器。

除了上述讲到的传感器，在声发射检测中使用的传感器还有磁吸附传感器、微型传感器、低频抑制传感器和电容式传感器等。

2. 传感器的选择

在声发射检测或试验时要选择合适的传感器，传感器的选择有两个原则，一是要根据检测和试验的目的选择合适的传感器；二是要根据声发射信号的特征选择合适的传感器。此外，在不了解被检测对象材料或构件声发射信号特征时要选择宽频带传感器，以获取被检测对象声发射信号特征，它还包括频率范围、声发射信号参数范围以及非相关声发射信号特征。

在了解材料或构件声发射信号特征时，按照检测和试验目的，可以选择谐振式传感器，以增强想获得声发射信号的灵敏度，避免其他无关声发射信号的干扰。

2.4　信号电缆

从声发射传感器到前置放大器需要一根长度 2 m 以内的线缆，该线缆的作用是传输信号。从前置放大器到声发射检测仪主机需要一根 300 m 以内的线缆，该线缆的作用是为前置放大器供电，以及传输声发射信号到声发射检测仪主机。目前使用较多的声发射信号电缆有同轴电缆、双绞线电缆、光导纤维电缆。

2.4.1 同轴电缆

同轴电缆由两部分组成，一是空心的外圆柱导体，二是位于中心轴线的内导线。外圆柱导体和内导线通过绝缘材料隔开。同轴电缆的优点是屏蔽层可以把磁场反射回中心导体，也可使中心导体不受外界干扰，所以同轴电缆和双绞线电缆相比，可以更好地抑制噪声，也具有更高的带宽。按照传输频带的不同，同轴线缆可分为两种，一种是基带，另一种是宽带。基带同轴电缆只负责传输数字信号，信号占整个信道，在同一时间内只能传输一种信号；宽带线缆则不同，它可以传输不同频率的信号。

2.4.2 双绞线电缆

双绞线电缆简称 TP，它将一对以上的双绞线封装在一个绝缘外套中，电缆中的每一对双绞线由两根绝缘铜导线组成，这样做的目的是降低信号的干扰，绝缘铜导线的直径一般为 1 mm。双绞线电缆分为两种，一种是非屏蔽双绞线电缆，简称 UTP；另一种是屏蔽双绞线电缆，简称 STP。

2.4.3 光导纤维电缆

光导纤维电缆由光导纤维组成，它是一种细小柔韧的用来传输光束的介质。光导纤维电缆和其他电缆相比具有信号衰减少、传输距离长、频带宽、传输速率快、电磁绝缘性好的优点。和同轴电缆相比，光纤结构相对复杂，其传输需要两端设置解码器和电编码器，因此其使用较少，在声发射传输距离超过 300 m 时才会用到。

2.4.4 电缆中的噪声问题

电子设备中的噪声分为两种，一种是来自电源电缆和信号电缆产生的噪声，另一种是外部环境的辐射噪声。这两种噪声分别分为差模噪声和共模噪声。

电子设备内噪声电压是差模传导噪声产生的原因，可以通过以下办法减少这种噪声，一是在信号线和电源线上串联电感，二是并联电容，或将电感和电容组成低通滤波器。

共模噪声产生的原因是，在设备内噪声电压的驱动下，经过设备与地之间的寄生电容，在电缆与地之间流动的噪声电流。减少这种噪声有以下三种方法，一是在电源线或信号线上串联电感，二是在导线和地之间并联电容器，三是使用 LC 滤波器。

共模辐射噪声产生的原因是，电缆端口有共模电压，在该电压的作用下，从电缆到地之间由共模电流流动而产生。减少这种辐射的方法有三种，一是在线路板上使用地线网格或地线面降低地线阻抗，二是在电缆端口使用共模扼流圈或 LC 低通滤波器，三是缩短电缆的长度或者使用屏蔽电缆。

2.4.5 抗阻匹配

抗阻匹配是指负载阻抗和激励源内部阻抗相互适配，从而得到最大功率输出的一种工作状态。电路的特性不同，匹配条件也不相同。比如在纯电阻电路中，负载电阻等于激励源内阻时，输出的功率最大，这被称为匹配，反之则称为失配。

2.4.6 接头

同轴电缆的两端一般使用 BNC 接头连接，BNC 接头由三部分组成，一是 BNC 接头本体，二是屏蔽金属套筒，三是芯线插针。在进行声发射检测时，要保护 BNC 接头，不使其损坏或变形。

2.5 信号调理

2.5.1 前置放大器

在进行声发射检测时，有时传感器的信号电压非常低，甚至低到微伏级，信号太微弱，在经过长距离传输后信噪比会降低。所以为了把微弱的信号放大，则需要在靠近传感器的位置安装前置放大器。常用的增益有三种，分别是 34 dB、40 dB、60 dB。前置放大器接收的信号来自传感器的模拟信号，经放大后再把模拟信号输出。前置放大器的参数主要包含三个指标，一是放大倍数，二是带宽，三是输入噪声。

前置放大器通常使用宽频带放大电路。其频带宽度在 50 kHz ～ 2 MHz 之间，在同频带内增益的变动量不超过 3 dB。使用这种放大器时为了抑制噪声，需要插入高通或带通滤波器。这种前置放大器适应性较强，因此使用较为广泛。

对于声发射检测系统来说，前置放大器非常重要，它的性能决定了整个系统的噪声。前置放大器的主要作用是提高信噪比，这就要求前置放大器要有高增益与低噪声的性能。此外，前置放大器还有一致性好、体积小和调节方便的性能。声发射检测时外部环境往往噪声比较大，因此，前置放大器还要具有抗干扰能力和排除噪声的性能。

前置放大器主要由四部分组成，一是输入级放大电路，二是输出级放大电路，三是中间级放大电路，四是滤波电路。

2.5.2 主放大器

声发射信号经过前置放大器放大后传送到声发射检测仪主机，主放大器把信号进行再一次放大，目的是提高系统的动态范围。主放大器输入的信号是前置放大器输出的模拟信号，输出的是二次放大后的模拟信号，所以主放大器是模拟电路。

和前置放大器一样，主放大器要具有一定的增益，要有 50 kHz ～ 1 MHz 的频带宽度，增益变化量不超过 3 dB。除此之外，还需要有较大的动态范围和一定的荷载能力。

2.5.3 滤波器

在声发射检测时，往往受到环境噪声的影响，为了解决这个问题，需要在系统中设置滤波器，以捕捉想要的声音频率。环境噪声频率和材料声发射信号频率不同，滤波器的工作频率也不相同，其频率大都低于 50 kHz。

根据环境噪声和材料声发射信号频率确定滤波器频率时，要注意滤波器的通频带要与传感器的谐振频率相互匹配。滤波器可以使用有源滤波器，也可以使用无源滤波器，对于衰减方面则要求大于每倍频程 24 dB。

软件数字滤波器也是信号滤波的一种方法。其特点是功能强大、设置使用较为灵活方便，但是其也有自身缺陷，当要求信号波形数字化时，有时会引起数据量过大，这些数据需要性能较高的硬件进行处理。

2.5.4 门限比较器

在进行声发射检测时，为了剔除背景噪声，则需要设置适当的阈值电压，也称作门限电压。当噪声低于设置的门限电压时噪声被剔除，当噪声高于设置的门限电压时信号可以通过。门限比较器就是把输入的声发射信息和设置的门限电压进行对比，高即可通过，低则过滤掉。

门限测量单元由四部分组成，一是声发射信号输入，二是门限电平产生，三是门限比较器，四是信号输出。门限电平产生和门限比较器是门限测量单元的主要部分。

门限电压可分为两种，一种是固定门限电压，另一种是浮动门限电压。其中固定门限电压可在移动信号范围内断续或连续调整。

浮动门限电压则随背景噪声的高低而浮动，如图2-11所示。浮动门限电压可以最大限度收集想要的信号，受噪声电压起伏的影响较小。

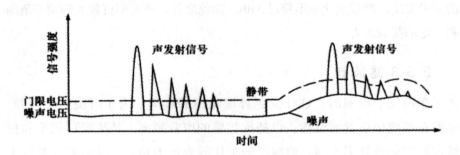

图2-11　浮动门限电压随噪声电压的变化

图2-12为浮动门限电路工作原理图，它由三部分组成，一是噪声电压检波器，二是无倒向电压相加器，三是门限比较器。

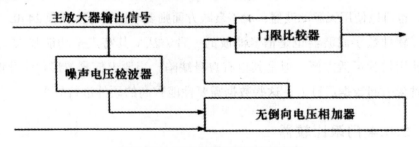

图2-12　浮动门限电路工作原理图

2.6　耦合剂与试块

2.6.1　耦合剂

使用耦合剂的目的首先是充填接触面之间的微小空隙，不使这些空隙间的微量空气影响声波的穿透；其次是通过耦合剂的"过渡"作用，使传感器与检测面之间的声阻抗差减小，从而减小能量在此界面的反射损失；最后是起到"润滑"作用，减小传感器面与检测面之间的摩擦。

耦合剂与得到的信号质量密切相关。质量不好的耦合剂可使声波损失较多能量，进而使分辨力降低，甚至使传感器损坏。对耦合剂的性能要求如下。

（1）易于黏附于样品表面，具有充分的渗透性，以避免由于样品表面不平整而在探头和被测表面间产生一层气体。

（2）声波的特征阻抗与被测物质的特征阻抗之差越小越好，以便使更多的声波渗入试样中。

（3）不会对人体造成伤害，且不会对试样造成侵蚀。

（4）易于清理。

（5）原料易得，成本低。

润滑油是目前应用较广泛的一种耦合剂，可依据被测物体的表面状况及周围的温度，选用合适的润滑油。

水容易损失和腐蚀，有时甚至不能渗透。在液体浸出试验中，通常以水为浸出液，并加入已被认可的润湿剂、防锈剂等。

在实际的耦合器中，甘油的声特性阻抗是极大的，它的耦合器的性能也是极好的，但它的不足之处在于，甘油被水稀释后具有一定的腐蚀作用，如果样品在检查后没有立即用肥皂水清洗，将影响其使用。

水玻璃具有高的声特性阻抗，良好的声耦合效应，但是它容易凝结，并且容易损伤探针。在测试过程中，应频繁地用水冲洗，其适用于粗糙表面、弯曲表面或垂直表面。仅依靠耦合剂，难以弥补表面形貌等因素对探测灵敏度的影响。在大部分接触式测试中，耦合剂的薄膜必须很薄，且为了保证测试的一致性，耦合剂的薄膜不能有太大差别。

2.6.2 声发射试块

声发射试块的作用主要包括以下几点。

（1）检测设备性能：声发射试块可以评估声发射检测设备在不同条件下的性能，如灵敏度、频率响应、空间定位能力等。这有助于确定设备是否适合应用于特定的检测场景，以及是否需要进行调整或优化。

（2）校准设备参数：声发射试块可以提供一种可控、可重复的声发射源，以用于校准设备的相关参数，如增益、阈值、滤波器设置等。校准可以确保设备在实际检测中提供准确可靠的结果。

（3）培训和资质认证：声发射试块可用于操作人员的培训和技能考核，让他们熟悉声发射技术的原理和操作方法。此外，通过对声发射试块的检测，可以评估操作人员的技能水平，从而为其资质认证提供依据。

（4）设备维护和故障诊断：定期使用声发射试块对设备进行性能检测，可以及时发现设备的异常情况，从而进行维护和修复。此外，在设备出现故障时，通过对比试块的检测结果，有助于确定故障原因和解决方案。

除了以上提到的作用外，声发射试块还在以下方面发挥着重要作用。

（1）检测方法和技术研究：声发射试块可作为研究和开发新的声发射检测方法和技术的工具。由于其具有可控性和可重复性，研究人员可以在实验室环境中使用声发射试块模拟实际工件中的缺陷，从而验证和优化新的检测方法、算法和技术。

（2）检测标准和规范制定：声发射试块可用于制定和修订声发射检测相关的标准和规范。标准和规范通常会规定检测设备和方法的性能要求、操作规程等内容。声发射试块的检测结果可为这些要求和规程提供依据，确保它们具有实际可操作性和科学性。

（3）跨设备和方法比较：声发射试块可以用于对不同设备和方法进行比较。由于试块的声发射信号具有可控性和可重复性，通过检测同一试块，可以直观地比较不同设备和方法的检测效果，从而为设备选型和方法选择提供参考。

（4）质量控制和管理：在批量生产或检测过程中，声发射试块可以作为质量控制工具，确保检测设备在整个生产周期内保持良好的性能。通过定期检测试块，可以检测设备的稳定性和一致性，从而提高生产过程中的质量控制水平。

声发射试块在声发射检测领域具有广泛的应用和重要价值。通过合理使用声发射试块，人们可以充分发挥声发射技术的潜力，提高设备和方法的检测效果，从而为保障工程质量和安全做出贡献。

2.7 焊缝清理

钢结构作为现代建筑和基础设施的主要构成部分，已经被广泛应用于桥梁、高层建筑、工厂等各种领域。在钢结构制作和安装过程中，焊接是实现构件连接的主要手段。然而，在焊接过程中，钢结构表面及焊缝区域会出现锈蚀、氧化、污渍等现象。因此，焊缝清理显得尤为重要，它不仅关乎钢结构的使用寿命和安全性，还影响着防腐涂装的效果。

钢结构焊缝清理是钢结构施工中非常重要的一环，焊缝的清理质量直接影响钢结构的焊接质量和使用寿命。在钢结构焊接中，焊接的部位需要进行切割、抛光和清理，以去除杂质和氧化层，保证焊缝的完整性和质量。本节将从焊缝清理的重要性、焊缝清理的方法、焊缝清理的注意事项、清理工具和清理流程五方面详细介绍钢结构焊缝清理。

2.7.1 焊缝清理的重要性

焊缝清理在钢结构制作中占据着举足轻重的地位。其重要性主要体现在以下几个方面。

（1）提高焊接质量：焊缝清理有助于去除焊接区域的杂质和氧化物，降低气体孔、夹渣等焊接缺陷的发生概率，从而提高焊接质量。

（2）增强钢结构耐腐蚀性能：焊缝清理可以有效地去除钢结构表面的锈蚀和污渍，增强钢结构的耐腐蚀性能，延长使用寿命。

（3）提高防腐涂装附着力：焊缝清理有助于确保涂装表面的干净和平整，从而提高防腐涂装的附着力和耐久性。

（4）保障钢结构安全性：焊缝清理是确保钢结构焊接质量的关键环节，直接影响钢结构的安全性能。

2.7.2 焊缝清理的方法

焊缝清理可采用多种方法，它包括机械清理、化学清理、热处理等。下面分别介绍这些方法的特点和应用。

1. 机械清理

机械清理是较常见的焊缝清理方法，包括打磨、刮削、刷拔、喷砂等。这些方法操作简单，效果明显，适用于各种规模的钢结构制作。

（1）打磨：利用砂轮或打磨机对焊缝及其周围进行磨削，以去除表面氧化层、焊渣和毛刺。这种方法简单易行，但打磨速度较慢，适用于小规模的钢结构制作。

（2）刮削：用刮削刀对焊缝进行刮削，以去除焊缝表面的氧化物、焊渣和毛刺。这种方法在某些特殊场合具有优越性，如对焊缝表面要求较高的情况。

（3）刷拔：使用金属刷子对焊缝进行刷拔，以去除焊缝表面的氧化层和杂质。这种方法简单，但清理效果相对较差，一般适用于初步清理。

（4）喷砂：通过高压喷砂设备喷射砂料，对焊缝及周围表面进行清理。喷砂能有效去除表面的锈蚀、氧化层、杂质等，清理效果较好，但操作难度较高，一般适用于大型钢结构制作。

2. 化学清理

化学清理是利用酸液或其他化学试剂对焊缝表面进行清洗，以去除氧化层、锈蚀和杂质。这种方法效果较好，但可能对人体和环境造成危害，需要采取相应的防护措施。

3. 热处理

热处理是通过加热、保温和冷却过程调整焊缝的微观组织和性能。热处理可以改善焊缝的强度、韧性和耐腐蚀性能，从而提高钢结构的使用寿命。热处理通常适用于高强度、大厚度或特殊要求的钢结构焊接。

2.7.3 焊缝清理的注意事项

在进行焊缝清理时，应注意以下几点。

（1）选用合适的焊缝清理方法：根据钢结构的具体情况和施工要求，选择合适的焊缝清理方法，以确保清理效果。

（2）严格按照工艺规程操作：在进行焊缝清理时，应严格遵守相应的工艺规程和安全操作规定，以防止发生安全事故。

（3）清理后进行检查：焊缝清理完成后，应对焊缝表面进行检查，以确保达到预期的清理效果。

（4）防止二次污染：焊缝清理后，应尽快进行后续工序，以免焊缝表面再次受到污染。同时，应做好现场清洁工作，减少空气中尘埃和杂质对焊缝的影响。

（5）定期维护和保养清理设备：为确保焊缝清理的顺利进行，应定期对清理设备进行维护和保养，以确保其性能良好。

钢结构焊缝清理工作的重要性不容忽视。只有充分认识到焊缝清理的重要性，采用合适的清理方法和技术，才能确保钢结构焊接工程的质量和安全性。

2.7.4 清理工具

1. 钢丝刷

钢丝刷是焊缝清理中较常用的工具，它主要用于去除焊缝表面的氧化物和锈蚀物等杂质。钢丝刷有铜丝、铁丝、不锈钢丝等多种材质，大家可以根据具体需要选择。

2. 砂轮机

砂轮机是一种电动工具，它可以通过不同的磨轮和砂轮对焊缝表面进行粗糙度加工和氧化层去除等工作。使用砂轮机需要注意安全，必须佩戴防护手套和面具等安全装备。

3. 砂纸

砂纸是一种手工工具，它可以用来对焊缝表面进行打磨和光洁处理。大家可以根据具体需要选择合适的砂纸粒度。

4. 清洗机

清洗机可以用来清洗焊缝表面的杂质和油污等，对于一些需要进行特殊处理的焊缝，使用清洗机可以增强清洁效果。

2.7.5 清理流程

1. 焊后清理

焊后清理是焊缝清理的第一步，焊接完成后需要及时对焊缝表面进行清理，以便于后续加工和处理。先使用钢丝刷对焊缝表面进行刷洗，以去除表面的氧化层和锈蚀物等，再使用砂轮机或砂纸对焊缝表面进行打磨。

（1）刷洗：使用钢丝刷对焊缝表面进行刷洗，可以去除表面的氧化层、焊渣和锈蚀物等。在这个过程中，应保证钢丝刷与焊缝表面的良好接触，以提高清理效果。

（2）打磨：使用砂轮机或砂纸对焊缝表面进行打磨，可以去除表面的毛刺、氧化物等，从而使焊缝表面更加光滑。打磨时要注意选择合适的砂轮或砂纸粒度，以免损伤焊缝表面。

2. 二次清理

二次清理是焊缝清理的重要环节，需要对焊缝表面进行彻底的清洁，以确保焊缝的完整性和质量。先使用清洗机对焊缝表面进行清洗，以去除残留的油污和杂质等，再使用砂纸对焊缝表面进行精加工，使其更加光滑。

（1）清洗：使用清洗机对焊缝表面进行清洗，可以去除残留的油污、涂料和杂质等。在清洗过程中，要确保使用的清洗剂和设备与焊缝表面材质相匹配，以免对焊缝表面造成损害。

（2）精加工：使用砂纸对焊缝表面进行精加工，可以进一步提高焊缝表面的光洁度，提高焊缝质量。在这个过程中，要根据焊缝表面的实际情况选择合适的砂纸粒度，并保持适当的加工力度，以免损伤焊缝表面。

在整个焊缝清理流程中，要注意确保清理工作的连续性，避免焊缝表面因为清理不及时而产生二次污染。另外，操作人员在进行焊缝清理时，应注意遵守安全操作规程，以防止意外事故的发生。同时，针对不同的焊缝类型和材质，还应灵活调整清理方法和工艺，以达到最佳的清理效果。

3. 清理验收

焊缝清理完成后，应进行清理验收，检查焊缝表面的清理效果。验收时需要关注以下几个方面。

（1）清洁度：检查焊缝表面是否干净，有无残留的氧化物、油污、焊渣等杂质。

（2）光洁度：检查焊缝表面的光洁度，以确保焊缝表面平整，无凹凸不平或磨损痕迹。

（3）完整性：检查焊缝的完整性，确认焊缝无开裂、气孔等缺陷。

（4）符合性：检查焊缝清理后的表面是否符合工程技术要求和标准规定。

若有必要，可以采用无损检测方法（如磁粉检测、渗透检测等）对焊缝进行进一步检查，以确保焊缝清理后的质量和安全性。

总之，在进行钢结构焊缝清理时，需要按照清理流程依次进行焊后清理、二次清理以及清理验收，以确保焊缝表面的清洁度、光洁度、完整性和符合性。这一系列严格的焊缝清理工作可以大大提高焊接质量，进而提高钢结构的安全性和使用寿命。

第 3 章　声发射信号处理和分析方法

3.1　声发射的来源

把声发射技术应用于各种材料的检测中，首先要明白声发射的来源问题，简单来说就是物体在外部作用力下为什么会产生声发射，声发射的过程和机理是什么。当然，这是一个复杂的过程和问题。声发射技术应用于各种材料的无损检测中，其主要目的是找出被检测对象的声发射位置、缺陷，以此了解被检测对象存在的潜在危险和缺陷。因此，声发射源的研究对于声发射检测技术非常重要，这也是很多人不断深入研究声发射源的原因，同时也可以促进声发射技术的理论的发展和完善。

由于振动而发出的声音，例如，用手敲一件乐器，当你敲的时候，你可以清楚地感受到它的振动，这就是声发射。当外界的力量作用在金属上时，它会处于高能态，然后将高能态转化为低能态，从而释放出自己的能量。这种能量将以声音的形式发出，这也是声发射

在工程材料中，很多机构能成为声发射源，如图 3-1 所示。由图可以看出，声发射的来源非常广泛。

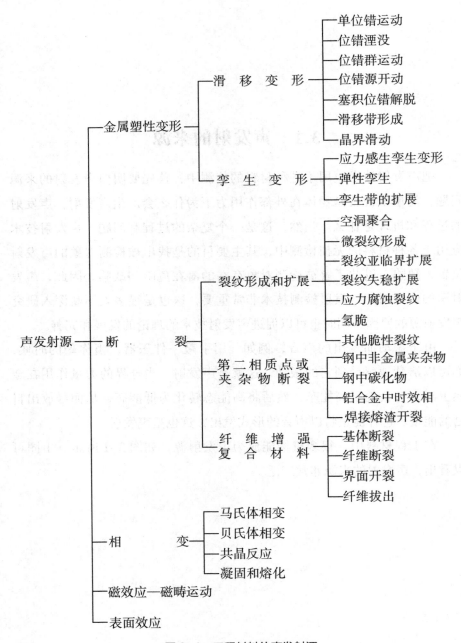

图 3-1 工程材料的声发射源

3.1.1 塑性变形和位错运动

滑移变形是金属材料形状不可逆变化的基本机构之一。滑移的过程就是位错的过程。当位错的速度足够高时,位错附近产生应力场,这些应力场就是声发射的来源。图 3-2 为刃型位错的一块晶体,由图可以看出在外部作用力下晶体的原子排列发生畸变,此外刃型位错会沿滑移面发生运动。

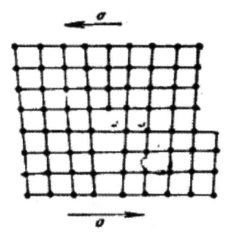

图 3-2　刃型位错的结构

图 3-3 为位错穿过晶体的几个阶段。当位错移出晶体时,在晶体的表面产生了滑移台阶,该滑移台阶的间距为 1 个原子。如图 3-2 所示,在位错的作用力下晶体原有的原子受到破坏,此时位错中的密度较小。当位错继续进行时,滑移面的原子被拥前,当位错结束时,这些原子又重新退后,这个过程是前拥后挤的过程,这个过程使原子发生碰撞,从而发生弹性波。

结果显示,位错高速移动可产生高频、低振幅的 AE,而低速移动可产生低频、高振幅的 AE。而在低速率的情况下,其发出的信号很弱,这使其在声发射中无法被发现。所以,只有大量的位错,才会形成能够被设备探测到的信号，大约在 100 到 1 000 之间。

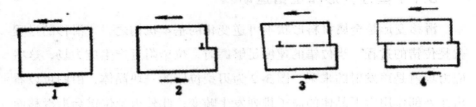

1—晶体受切应力作用；2—位错产生；3—位错滑过一段距离；4—位错移出晶体。

图 3-3　刃型位错穿过晶体的几个阶段

孪生是金属变形的一种方式，该方式比较特殊，它以滑移面为镜面，以原子排列成镜面对称的方式发生变形。除了上面讲到的锡，钛、镁、锌等金属孪生是它们的主要变形方式。孪生变形速度较快，是强烈的声发射源。

3.1.2 马氏体相变

金属、钢材经过高温冷却后，其内部的微观结构就会产生变化。举个例子，当一种碳素材料在高温下冷却的时候，它的过冷奥氏结构就会发生变化，变成马氏体结构。马氏体的相变并非通过原子的扩散，而是通过快速的剪切变形来完成的，并在高速下生成新的针状和片状结构。这样的相变，能够在很短的时间里，形成高度的错位。随着相位变化速率的增大，其所生成的 AE 信号也会增强，从而使一些人的耳朵能够接收到。

3.1.3 裂纹的形成和扩展

裂纹是物质结构失效的根本原因。因此，在 AE 中，裂纹的产生与发展是非常重要的。

在受力时，由于第二相中的硬质点和基质的变形失配，在基质和基质之间产生了细小的空洞，从而增加了外力，使基质中的空洞变大。如果孔隙的数目超过了一定的限度，并且孔隙之间的距离很近，就会产生裂纹，或者裂纹的扩大。

孔隙是由位错堆积形成的，当出现细小裂缝时，裂缝会迅速扩大，并随着裂缝的持续扩大而出现突变。因此，在脆性与塑性材料中，当裂缝扩展时，其 AE 信号有较大的差异。从图 3-4 可以看出，在受力时，塑料材料发生较多的声发射，且单个声发射的强度较低；脆性物质的声发射频率很低，但其单个声发射辐射强度很大。从声发射的上移速率来看，随着应力的增大，塑性物质的上移变慢，脆性物质的上移变快。

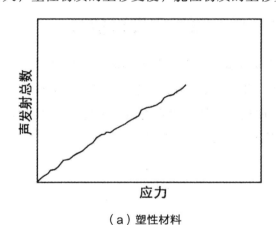

（a）塑性材料

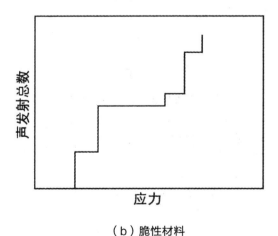

（b）脆性材料

图 3-4　裂纹扩展的声发射

3.1.4 磁性效应

铁磁性材质的材料在磁力的作用下，磁畴壁的运动会产生声发射，磁畴壁的运动受到内应力和外荷载的影响，所以，磁畴壁运动产生的声发射受应力控制。通过多年的研究，磁效应发射可以用于测量磁性材料的残余应力以及研究磁性材料的奇特特征。

3.2　声发射信号

假设声发射传感器和声发射源的距离比声发射源的直径大很多，那么如图 3-5 所示，把声发射源看成是一个点源。从点源发出的声发射波以球面波的形式向周围传播，声发射波经过传感器和耦合剂到达传感器，传感器把声发射变成电信号，然后再对电信号进行处理。

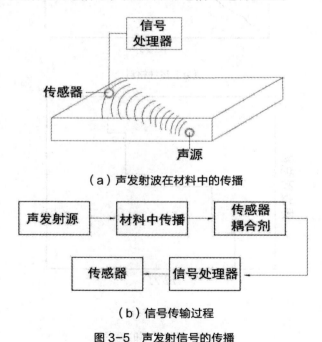

（a）声发射波在材料中的传播

（b）信号传输过程

图 3-5　声发射信号的传播

3.2.1 声发射波在材料中的传播

声发射波在到达传感器之前，要经过介质材料的传播，在传播过程中会发生三个现象，一是界面的反射，二是波模式变换，三是衰减。比如，声发射源发出比较尖锐的脉冲，在经过介质传播后，波形会变钝，声发射波到达传感器后会变成一个复杂的波形。

在通常的条件下，当介质中的介质厚度超过了波长时，AE 会产生纵波，横波和瑞利波。纵波是指一种在介质中以与其传播方向相同的振动波形。例如，在敲击鼓面的时候，鼓面的上下振动，会使周围的空气密度改变，从而形成一种持续的振动，而这种振荡是由高、低两种振荡所形成的，它们之间的距离是固定的；较低浓度的物质和较低浓度的物质之间的距离称为波长。这样的震动波在耳鼓表面的传播是和耳鼓表面的。如果以 λ 表示波长，f 示振动波的频率，则纵波的速度 C_L 表示为

$$C_L = \lambda f$$

比如纵波在钢中的传播速度为 5900 m/s，在铝中传播的速度为 6200 m/s，在空气中传播的速度为 340 m/s，在海水中的传播速度为 1500 m/s。

横波是介质质点振动方向与波的传播方向相垂直的波型，它的是由于质点受到周期变化的剪切力而产生的波动，因此又被称作为剪切波。

瑞利波是横波和纵波的组合，介质的质点振动轨迹呈椭圆形。瑞利波的特点是只沿介质表面传播，随着与表面的距离增大而快速减弱。

横波速度 $\approx$ 0.6 纵波速度

瑞利波速度 $\approx$ 0.9 横波速度

对于薄板的声发射，如果板的厚度与波长相近时会产生蓝姆波，又叫作板波，如果板的厚度比波长小会产生乐甫波。

如图 3-6 所示，若在物体内产生声辐射，则该辐射表现为球状波纹。

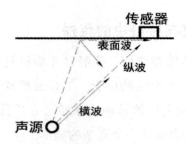

图 3-6　固体内声发射波的传播

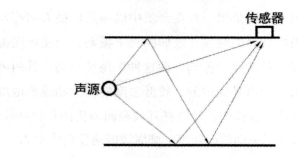

图 3-7　循规波的传播情况

传统的声波的最大特点就是它的声波速度是随频率变化的，因此，如果是一个单一的声波，它将通过多次反射被分解成几个脉冲，再传送给传感器。

此外，在透射时，还存在着声发射衰减现象。本文对固体物质的声发射性能进行了研究。

总而言之，接收到的声发射信号是各种波形的叠加与合成。在该系统中，声源之间的相对位置关系，直接影响着感应器所接收到的声波的幅值、频率和波形等性质。

3.2.2 声发射信号类型

声发射信号可分为两种，连续型声发射信号和突发型声发射信号，如图 3-8 所示。

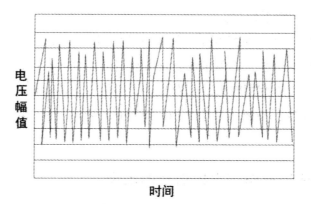

（a）连续型声发射信号

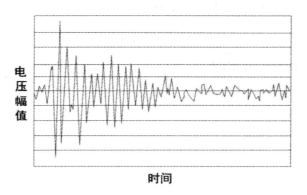

（b）突发型声发射信号

图 3-8　连续型和突发型声发射信号

1. 连续型声发射信号

连续型声发射信号是由被检测对象发生位错位移而产生的弹性特性所致。随着塑性形变程度的增加，声发射信号的振幅也随之增加，且声发射信号的数量也随之增加。如图 3-8（a）所示，在材料到达屈服相位时，连续的声发射振幅和计数速率都会达到最大。在屈服期之后，材料的力学性能发生了显著的变化，材料的强度、计数均有一定程度的降低。试样破坏前和破坏后的 AE 信号均为突变型。

2. 突发型声发射信号

突发型信号是一种幅度较大的单脉冲信号，它的产生是由于材料内力作用下的极度屈服，简单来说它是由材料的裂纹和裂纹扩展所产生的，其裂纹和裂纹扩展范围较大。突发型声发射信号的特点是发生的次数少、幅度大，其发生不局限于某个区域，脉冲的形状和连续型声发射信号有很大不同。

3.2.3 影响材料声发射信号的因素

材料不同，声发射特性也不相同，而且其存在很大差异。影响材料声发射信号的因素有以下几种，如表 3-1 所示。

表3-1　影响材料声发射信号的因素

产生高幅值信号的因素	产生低幅值信号的因素
高强度材料	低强度材料
高应变速率	低应变速率
各向异性	各向同性
不均匀材料	均匀材料
厚断面	薄断面
孪生材料	非孪生材料
解理型断裂	剪切型断裂
低温	高温
有缺陷材料	无缺陷材料
马氏体相变	扩散型相变
裂纹扩展	范性变形
铸造结构	锻造结构
粗晶粒	细静粒
复合材料的纤维断裂	复合材料的树脂断裂
辐射过的材料	未辐射过的材料

表 3-1 列举的影响材料声发射的因素也可分为两类，外部因素和内部因素。

1. 外部因素

影响材料声发射的外部因素包含很多种，其中有试样形状、加载方式、变形温度、荷载历史、试验温度、环境气氛等。比如，很多材料在做拉伸试验时，当处在屈服点附近时，声发射技术频率出现高峰。连续型声发射对应变速率很敏感。图 3-9 为拉伸速度对某种铝合金声发射的影响，由图可以看出，拉伸速度越大，声发射越强。

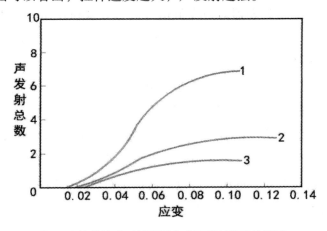

图 3-9 拉伸速度对某种铝合金声发射总数的影响

此外，同一种材料在一样的试验条件下，材料的厚度不同，声发射效应也不同。试验温度也对材料的变形和断裂有影响，材料在温度较高的环境中容易发生塑性变形，声发射也比较活跃。在温度较低的环境中，塑性断裂会变成脆性断裂，会发出突发型声发射。

2. 内部因素

内部因素就是物质的内在因素，例如均匀性、晶体结构、组织结构等。当物质中的某一因子发生变化时，AE 信号就会发生变化。一般来说，我们可以通过物质的晶体结构来判定物质的声发射，从而判定物质的声发射信号的强弱。例如，一些六边形的金属，在变形的时候，会发出咔嚓咔嚓的声音。

总体而言，在进行声发射检测时，应该将对被检测对象的外界环境以及内部多种因素的影响都考虑进去，以保证检测的精确度。

3.3 声发射信号处理和分析方法概述

声发射检测是利用传感器采集声发射信号，并把声发射波转变为连续的电信号，前置放大器对电信号进行放大，并把信号传输到声发射仪器的主处理器，主处理器对声发射信号进行处理和存储，等待后期的信号显示和分析。因此，声发射检测的过程就是对声发射信号进行存储、分析、评价的过程。

目前，对声发射信号进行采集和处理的方法分为两大类，第一类是对声发射信号的波形特征参数进行测量，声发射仪器只负责对声发射信号波形特征参数的记录和存储，然后对这些参数进行分析处理，以确定声发射源的位置等信息。第二类是对声发射信号的波形进行直接记录和存储，然后对波形进行分析，同时也可以对波形进行特征参数进行测量和处理。

对声发射信号的处理和分析的目的包含以下几个方面：

（1）确定声发射源的位置；

（2）分析声发射源的特点和性质；

（3）获得声发射发生的时间、荷载；

（4）判断声发射源的级别、被检测对象的损伤情况。

从 20 世纪 50 年代开始，简化波形特征分析方法的应用逐渐广泛和完善，时至今日，在声发射检测中应用仍然很广泛，其中对声发射源的判断绝大多数采用了简化波形特征参数。

在声发射检测中，声发射源的识别是关键问题，声发射源的识别是通过对其进行定位来实现的。现有的声源定位方法主要有四种：一是对声发射源的独立信道进行区域定位；二是对阵列式声发射源进行线性定位；三是面定位技术；四是 3D 立体定位技术。

声发射检测的最终目标是对声发射源进行判断，并获取声发射源的属性，因为采用了传统的声发射特征参数分析方法，如应用定位分析等，只能对由泄漏和电子噪声引起的声发射信号进行识别，而对裂纹扩展、氧化皮脱落等在钢结构中频繁出现的声发射源信号则不能进行识别，因此，对声发射源信号识别方法进行创新是一个关键问题。对某些土木工程结构和复合材料的声发射信号参数进行辨识，可以区别出各种类型的信号。通过对不同类型的声发射信号，如摩擦力、振动频率等进行模式识别，并利用人工神经网络对其进行分析。

3.4　经典声发射信号处理和分析方法

3.4.1　声发射波形特征参数的定义

图 3-10 为突发型标准声发射信号简化波形特征参数的定义，通过这个模型可以得到下面几个参数：①撞击（事件）计数；②振铃计数；③能量；④幅度；⑤持续时间；⑥上升时间。

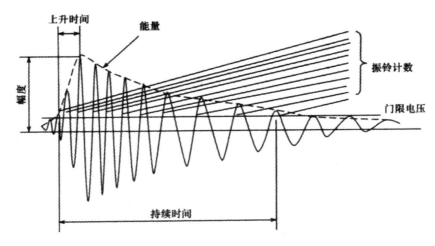

图 3-10　突发型标准声发射信号简化波形特征参数的定义

对于实际的声发射信号，由于被检测构件和试样的几何效应，声发射撞击信号波形为如图 3-11 所示的一系列波形包络信号。

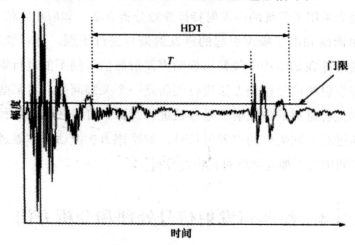

图 3-11　声发射撞击信号的定义

表 3-2 列出了常用声发射信号特征参数的含义即特点与用途。这些参数的累加可以被定义为时间或试验参数的函数。这些参数也可被定义为随时间或试验参数变化的函数。这些参数之间也可以任意两个组合进行关联分析。

表3-2　常用声发射信号特征参数的含义及特点与用途

参数	含义	特点与用途
撞击和撞击计数	超过门限并使某一通道获取数据的任何信号称为一个撞击。所测得的撞击个数，可分为总计数、计数率	声发射活动的总量和频度，常用于声发活动性评价
事件计数	产生声发射的一次材料局部变化称为一个声发射事件，可分为总计数、计数率。一阵列中，一个或几个撞击对应一个事件	反映声发射事件的总量和频度，用于声发射源的活动性和定位集中度评价
计数	越过门限信号的振荡次数，可分为总计数、计数率	信号处理简便，适用于两类信号，能粗略反映信号强度和频度，因而广泛用于声发射活动性评价，但受门限值大小的影响

（续　表）

参数	含义	特点与用途
幅度	信号波形的最大振幅值，通常用 dB 表示	与事件大小有直接的关系，不受门限的影响，直接决定事件的可测性，常用于波源的类型鉴别、强度及衰减的测量
能量计数（MARSE）	信号检波包络线下的面积，可分为总计数、计数率	反映事件的相对能量或强度，对门限、工作频率和传播特性不甚敏感，可取代振铃计数，也用于波源的类型鉴别
持续时间	信号第一次越过门限至最终将至门限所经历的时间间隔，以 μs 表示	与振铃计数十分相似，但常用于特殊波源类型和噪声的鉴别
上升时间	信号第一次越过门限至最大振幅所经历的时间间隔，以 μs 表示	受传播的影响，其物理意义变得不明确，有时用于机电噪声鉴别
有效值电压	采样时间内，信号的均方根值，以 V 表示	与声发射的大小有关，测量简便，不受门限的影响，适用于连续型信号，主要用于连续型声发射活动性评价
平均信号电平	采样时间内，信号电平的均值，以 dB 表示	提供的信息和用途与 RMS 相似，对幅度动态范围要求高而时间分辨率要求不高的连续型信号，尤为有用，也可用于背景噪声水平的测量
到达时间	一个声发射波到达传感器的时间，以 μs 表示	决定了波源的位置、传感器间距和传播速度，用于波源的位置计算
外变量	试验过程外加变量，包括时间、载荷、位移、温度及疲劳周次等	不属于信号参数，但属于声发射信号参数的数据集，用于声发射活动性分析

3.4.2 声发射信号参数列表显示和分析法

列表显示是一种较为直观的方式，可以直接显示声发射信号参数，并将参数按时序安排，也可以直接显示信号到达时间、外变量等。以声发射型压力容器为例，表 3-3 列出了压力容器在加压时所获得的裂缝扩展的声学特征参数。在进行声学信号的仿真声源位置检测及灵敏度测量时，可以直观地看到所得到的数据。

表3-3 声发射信号特征参数数据列表

到达时间 （MM：SS. mmmuuun）	压力 / （kg/cm^{-2}）	通道	上升时间 /μs	计数	能量	持续时间 /μs	幅度 /dB
01：18.9101730	36.60	3	81	92	57	3 222	59
01：18.9103205	36.60	12	133	49	48	6 243	51
01：18.9104999	36.60	4	69	62	86	6 899	55
01：18.9112070	36.60	8	29	27	53	1 947	51

3.4.3 声发射信号单参数分析法

常用的单参数分析法有以下三种，如图 3-12 所示。

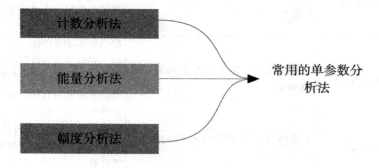

图 3-12 常用的单参数分析法

1. 计数分析法

对于处理声发射脉冲信号，计数分析法是使用较多的一种方法。目前应用的计数法有振铃计数率和声发射撞击计数率，以及它们的总计数。除此之外还有"加权振铃"计数法。

2. 能量分析法

计数分析法存在一定的缺点，该缺点在对连续型声发射信号更为明显，所以通常采用测量声发射信号的能量对连续型声发射信号进行分析。目前，能量测量是定量测量声发射信号的主要方法之一。

3. 幅度分析法

信号幅度及其分布是一种可以更多反映声发射源信息的处理方法，信号幅度和材料中声发射的强度有直接关系，幅度分布和材料的形变机制有关。

3.4.4 声发射信号参数经历分析法

参数经历分析法是通过对声发射信号参数随外变量或时间变化的情况进行分析处理，以此得到声发射源的情况。其中较常用的方法是经历图分析法，图 3-13 为一台压力容器裂纹在加压过程中的扩展，最终泄漏的声发射信号变化经历图。使用经历图分析法对声发射源进行分析可达到以下目的。

（1）声发射源的活动性评价；

（2）Kaiser 效应和费利西蒂比评价；

（3）恒载声发射评价；

（4）起裂点测量。

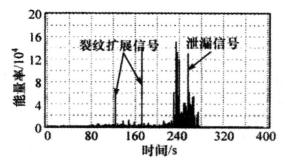

（a）能量率随时间的变化图

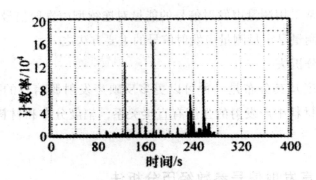

（b）计数率随时间的变化图

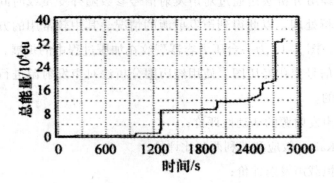

（c）总能量随时间的变化曲线

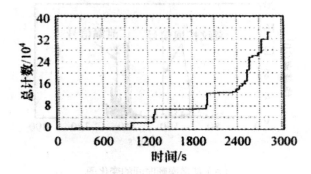

（d）总计数随时间的变化曲线

图 3-13　压力容器在加压过程中裂纹扩展和泄露声发射信号的变化经历图

3.4.5 声发射信号参数分布分析法

　　声发射信号参数分布分析法是将声发射信号撞击计数或事件计数按信号参数值进行统计分布分析。一般采用分布图进行分析，纵轴选择撞击计数或事件计数，而横轴可选择声发射信号的任一参数。横轴选用某个参数即为该参数的分布图，如幅度分布、能量分布、振铃计数分布、持续时间分布、上升时间分布等，其中幅度分布应用最为广泛。图 3-14 为一台压力容器在加压过程中裂纹扩展声发射信号定位源事件和撞击计数的部分参数分布图。

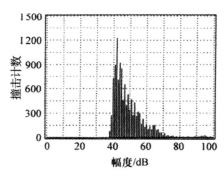

（a）所有撞击信号的幅度分布图

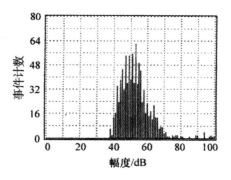

（b）所有定位源信号的幅度分布图

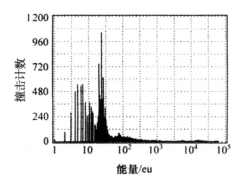

（c）所有撞击信号的能量分布图

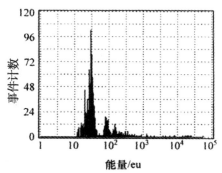

（d）所有定位源信号的能量分布图

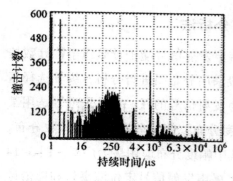
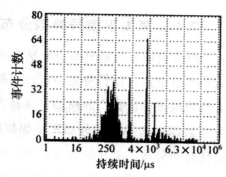

（e）所有撞击信号的持续时间分布图　　　（f）所有定位源信号的持续时间分布图

图 3-14　压力容器在加压过程中裂纹扩展声发射信号的部分参数分布图

3.4.6 声发射信号参数关联分析法

关联分析法是声发射信号分析中常用的方法之一，对任意两个声发射信号的波形特征参数可以作它们之间的关联图进行分析，图中的两个二维坐标轴分别表示一个参数，其中每个显示点对应一个声发射信号事件或撞击。通过做出不同参数两两之间的关联图，可以分析不同声发射源的特征，从而能起到鉴别声发射源的作用。

图 3-15 为一台压力容器在加压过程中裂纹扩展声发射信号部分参数的关联图。图 3-16 为一台压力容器在加压过程中裂纹扩展并最终导致泄漏的声发射信号能量和计数与持续时间的关联图，由图可以看出，在同等计数值和能量的情况下，泄漏信号的持续时间比裂纹扩展信号的持续时间大很多。

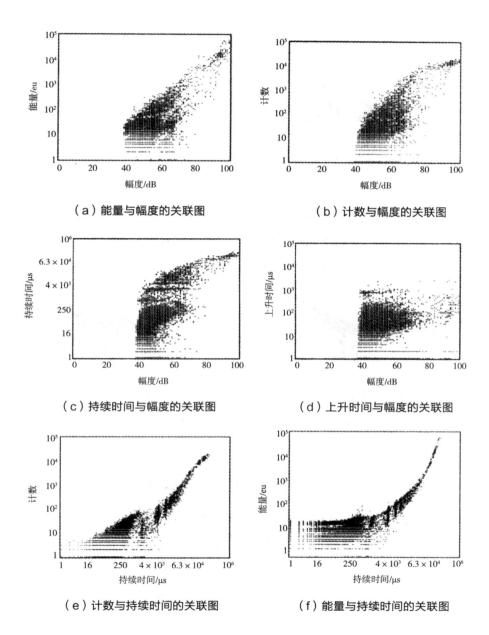

（a）能量与幅度的关联图

（b）计数与幅度的关联图

（c）持续时间与幅度的关联图

（d）上升时间与幅度的关联图

（e）计数与持续时间的关联图

（f）能量与持续时间的关联图

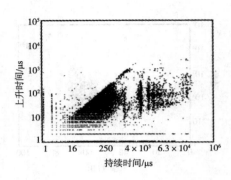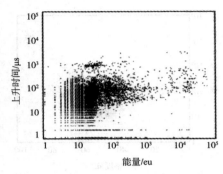

（g）上升时间与持续时间的关联图　　　（h）上升时间与能量的关联图

图 3-15 压力容器在加压过程中裂纹扩展声发射信号部分参数的关联图

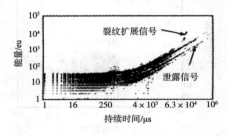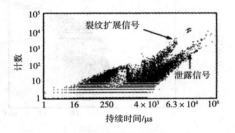

（a）能量与持续时间的关联图　　　（b）计数与持续时间的关联图

图 3-16　压力容器在加压过程中裂纹扩展和泄漏声发射信号部分参数的关联图

3.5　声发射源定位技术

声发射源定位需要利用多通道声发射检测仪器来实现，在定位方面，多通道声发射检测仪器具有优势。对于连续型声发射信号和突发型声发射信号，采用的声发射定位方法不同，图 3-17 为目前常用的声发射源定位方法。

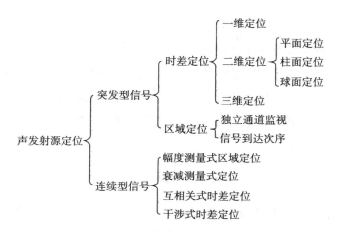

图 3-17 声发射源定位方法分类

3.5.1 独立通道区域定位技术

因为声波传输会出现衰减，因此，每个传感器主要负责收集附近区域的声发射信号。区域是指一个传感器周围的区域，该区域发射的信号先被该传感器接收。区域定位可分为两种方式，一是按传感器监视各区域确定声发射源的位置，二是按声发射波到达传感器的次序确定声发射源的位置。在复合材料检测中常用的区域定位原理，如图 3-18 所示。

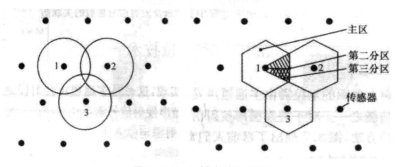

图 3-18 区域定位原理图

3.5.2 线定位技术

当被检测对象长度较长，直径较小，且比例较大时，比较适合使用线定位进行声发射检测，比如钢梁、管道、棒材等。

声发射源位于探头阵列内部的定位原理如图 3-19（a）所示。比如，声发射源位于 1 号和 2 号探头之间，声发射信号到达 1 号探头的时间为 T_1，到达 2 号探头的时间为 T_2，因此，信号到达两个探头的时间差为 $\Delta t = T_2 - T_1$，D 为两个探头之间的距离，V 表示声波的传播速度，则声发射源距 1 号探头的距离 d 可由下式得出

$$d = \frac{1}{2}(D - \Delta t V) \qquad (3-1)$$

由上式可以算出当 $\Delta t = 0$ 时，声发射信号源位于两个探头的正中间；当 $\Delta t = D/V$ 时，声发射源位于 1 号探头处；当 $\Delta t = -D/V$ 时，声发射源位于 2 号探头处。

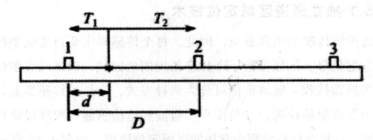

（a）声发射源位于传感器阵列内部

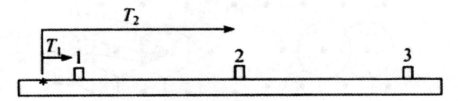

（b）声发射源位于探头阵列外部

图 3-19　声发射源线定位原理图

图 3-19（b）为声发射源在探头阵列外部的情况，此时，无论信号源距 1 号探头距离多远，时差均为 $\Delta t = T_2 - T_1 = D/V$，声发射源被定位在 1 号探头处。

3.5.3 平面定位技术

1. 两个探头阵列的平面定位计算方法

考虑将两个探头固定在一无限大平面上，假设应力波在所有方向的传播速度均为超声速 V，两个探头的定位结果如图 3-20 所示，由此得到如下方程

$$\Delta tV = r_1 - R \tag{3-2}$$

$$Z = R\sin\theta \tag{3-3}$$

$$Z^2 = r_1^2 - (D - R\cos\theta)^2 \tag{3-4}$$

由上面三个方程可以导出如下方程

$$R = \frac{D^2 - \Delta t^2 V^2}{2\Delta tV + D\cos\theta} \tag{3-5}$$

方程（3-5）表示的是通过定位源的双曲线，在双曲线上的任何一点的声发射源到达两个探头的次序和时差是相同的，两个探头位于这一双曲线的焦点上。

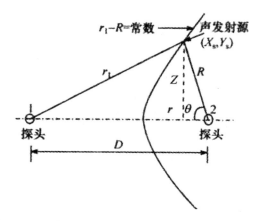

图 3-20　在无限大平面中两个探头的声发射源定位

2. 三个探头阵列的平面定位计算方法

图 3-20 中两个探头的声发射源定位显然不能满足平面定位的需要，但如果增加第三个探头即可以实现平面定位。如图 3-21 所示，可获得的输入数据为三个探头的声发射信号到达次序和到达时间及两个时差，由此可以得到如下方程

$$\Delta t_1 V = r_1 - R \qquad (3-6)$$

$$\Delta t_2 V = r_2 - R \qquad (3-7)$$

$$R = \frac{D_1^2 - \Delta t_1^2 V^2}{2\left[\Delta t_1 V + D_1 \cos\left(\theta - \theta_1\right)\right]} \qquad (3-8)$$

$$R = \frac{D_2^2 - \Delta t_2^2 V^2}{2\left[\Delta t_2 V + D_2 \cos\left(\theta_3 - \theta\right)\right]} \qquad (3-9)$$

方程（3-8）和方程（3-9）为两条双曲线方程，通过求解就可以找到这两条双曲线的交点，也就可以计算出声发射源的位置。

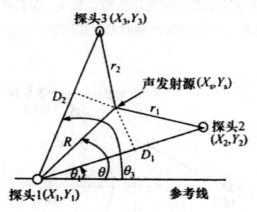

图 3-21　三个探头阵列的声发射源平面定位

3. 四个探头阵列的平面定位计算方法

对任意三角形的平面声发射源定位求解方程（3-8）和（3-9），有时得到双曲线的两个交点，即一个真实的声发射源和一个伪声发射源，但若采用如图 3-22 所示的四个探头构成的菱形阵列进行平面定位，则只

会得到一个真实的声发射源。

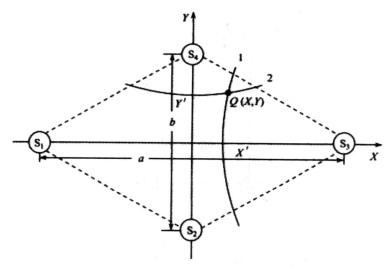

图 3-22　四个探头阵列的声发射源平面定位

设由探头 S_1 和 S_3 间的时差 Δt_X 所得双曲线为 1，由探头 S_2 和 S_4 间的时差 Δt_Y 所得双曲线为 2，声发射源为 Q，探头 S_1 和 S_4 之间的时差 Δt_Y 所得双曲线为 2，探头 S_1 和 S_3 的间距为 a，S_2 和 S_4 的间距为 b，波速为 V，那么，声发射源就位于两条双曲线的交点 Q 上，其坐标可表示为

$$X = \frac{L_X}{2a}\left[L_X + 2\sqrt{\left(X - \frac{a}{2}\right)^2 + Y^2}\right] \tag{3-10}$$

$$Y = \frac{L_Y}{2b}\left[L_Y + 2\sqrt{\left(Y - \frac{b}{2}\right)^2 + X^2}\right] \tag{3-11}$$

$$L_X = \Delta t_X V, \quad L_Y = \Delta t_Y V \tag{3-12}$$

3.5.4　三维立体定位技术

三维立体定位需要用到 4 个以上传感器。其可以以三维坐标系进行表示，如图 3-23 所示。四个传感器中以 T_2 为基准，对 T_0、T_1 和 T_3 传感器的

时间差进行测量。简单来说，假设已经知道声发射信号在这个三维空间的传播速度，且传播速度为恒定值。根据该三维坐标系可以计算出声源到各个传感器的距离差，从而计算出声源的空间坐标。

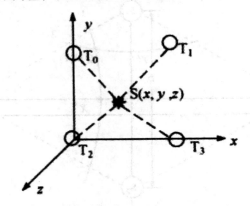

图 3-23 三维坐标系中传感器和声源的位置

坐标系中T_0到T_1是 4 个传感器，它们位于同一平面内，其 z 坐标为 0，S 为声源位置。其中T_2是坐标原点，即（0，0，0），设T_0（x_0，y_0，z_0），T_1（x_1，y_1，z_1），T_3（x_3，y_3，z_3），S（x，y，z），由此可列出距离差：

$$|ST_0| - |ST_2| = d_{02}$$

$$|ST_1| - |ST_2| = d_{12}$$

$$|ST_3| - |ST_2| = d_{32}$$

于是有

$$\sqrt{(x-x_0)^2 + (y-y_0)^2 + (z-z_0)^2} - \sqrt{x^2 + y^2 + z^2} = d_{02}$$

$$\sqrt{(x-x_1)^2 + (y-y_1)^2 + (z-z_1)^2} - \sqrt{x^2 + y^2 + z^2} = d_{12}$$

$$\sqrt{(x-x_3)^2 + (y-y_3)^2 + (z-z_3)^2} - \sqrt{x^2 + y^2 + z^2} = d_{32}$$

简化后可得

$$2\left(x_0 x + y_0 y + z_0 z\right) + 2d_{02}\sqrt{x^2 + y^2 + z^2} = x_0^2 + y_0^2 + z_0^2 - d_{02}^2$$

$$2\left(x_1 x + y_1 y + z_1 z\right) + 2d_{12}\sqrt{x^2 + y^2 + z^2} = x_0^2 + y_0^2 + z_0^2 - d_{12}^2 \qquad (3\text{-}13)$$

$$2\left(x_3 x + y_3 y + z_3 z\right) + 2d_{32}\sqrt{x^2 + y^2 + z^2} = x_0^2 + y_0^2 + z_0^2 - d_{23}^2$$

令

$$x_0^2 + y_0^2 + z_0^2 - d_{02}^2 = 2d_0$$

$$x_1^2 + y_1^2 + z_1^2 - d_{12}^2 = 2d_1$$

$$x_3^2 + y_3^2 + z_3^2 - d_{32}^2 = 2d_3$$

将以上两式相比较后得到一组独立方程组

$$\left(x_0 x + y_0 y + z_0 z - d_0\right) / \left(x_1 x + y_1 y + z_1 z - d_1\right) = c_{01}$$

$$\left(x_0 x + y_0 y + z_0 z - d_0\right) / \left(x_3 x + y_3 y + z_3 z - d_3\right) = c_{03}$$

$$\left(x_0 - c_{01} x_1\right) x + \left(y_0 - c_{01} y_1\right) y + \left(z_0 - c_{01} z_1\right) z - d_0 + c_{01} d_1 = 0$$

$$\left(x_0 - c_{03} x_3\right) x + \left(y_0 - c_{03} y_3\right) y + \left(z_0 - c_{03} z_3\right) z - d_0 + c_{03} d_3 = 0$$

代入初始条件 $z_0 = z_1 = z_2 = z_3 = 0$，得到

$$x = \left[\left(d_0 - c_{01} d_1\right)\left(y_0 - c_{03} y_3\right) - \left(d_0 - c_{03} d_3\right)\left(y_0 - c_{01} y_1\right)\right] / \left(x_0 - c_{01} x_1\right) \cdot$$
$$\left(y_0 - c_{03} y_3\right) - \left(x_0 - c_{03} x_3\right)\left(y_0 - c_{01} y_1\right)\right]$$
$$y = \left[\left(d_0 - c_{01} d_1\right)\left(x_0 - c_{03} x_3\right) - \left(d_0 - c_{03} d_3\right)\left(x_0 - c_{01} x_1\right)\right] / \left[\left(x_0 - c_{03} x_3\right) \cdot \quad (3\text{-}14)\right.$$
$$\left(y_0 - c_{01} y_1\right) - \left(x_0 - c_{01} x_1\right)\left(y_0 - c_{03} y_3\right)\right]$$
$$z = \left\{\left\{\left[d_0 - \left(x_0 x + y_0 x\right)\right] / d_{02}\right\}^2 - \left(x^2 + y^2\right)\right\}^{1/2}$$

由以上分析可以看出，三维立体定位技术的算法需要设置 4 个传感器，在计算过程中容易出现错误解，所以三维立体定位技术一般需要设置 7 到 8 个传感器。

在传感器布置方面可以采用固定式，该方式可分为两种，如图 3-24 所示，第一种为 4 个传感器布置方式，第二种为 8 个传感器布置方式。也可根据被检测对象的大小尺寸增加传感器数量，以提高检测精度。其中，4 个传感器布置方法可以使试验对象简化，也更容易获得定位信息。8 个传感器布置方法可以更多地获取被检测对象的信息，检测也更精准。

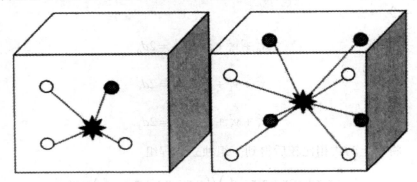

图 3-24 传感器布置示意图

3.6　现代信号处理和分析技术

3.6.1 模态声发射分析技术

模态声发射分析技术由美国学者 Gorman 于 1991 年提出，该技术的理论基础是 Lamb 波，它将声发射波形和特定的物理过程相联系。

本书介绍了一种利用声学信号进行声学信号处理的方法。由于它是将 AE 信号的波形与其产生的物理过程紧密结合起来，因此它具有很好的发展与应用前景。MAE 的基本原理是，由于声波的长度比板的厚度要长，所以在许多工程中都采用了板式结构。在声发射中，可能产生弯曲波，膨胀波，水平剪切波。其中，平板的表面传播是以平板的表面传播为主，而平板的表面传播是以平板的表面传播为主。

MAE 方法较参数分析方法更为复杂，但它所产生的结果使得 AE 方法更为简便。MAE 技术能够帮助探测者从噪音中分辨出 AE，因而是 AE 的一种十分有效的 AE 技术。

声源识别在 AE 检测中占有非常重要的地位，定位 AE 就是定位损伤点。如图 3-25 所示平面外声发射在薄板中产生的典型信号除了以扩散为主，同时也存在少量的弯折波和振幅很低的弯折波，这是一种很有代表性的由面外的声源所引起的波。从图中可以看到，所接收到的声波是通过阈值电压来确定的，因此，在进行时差运算时，既可以利用膨胀波，也可以利用弯曲波。通过对传感器类型、介质中声能量的衰减以及声源的远近等因素的分析，得出了一些结论：有的传感器所处的信道是由膨胀波引起的，而有的则是由弯曲波引起的。在相同的速度下，若不能区别地进行时间差异计算，将造成较大的位置偏差。因此，利用相同模式下的 AE 信号来确定目标位置，可以将目标位置的误差降到最低。

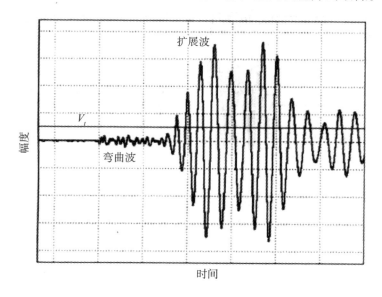

图 3-25 平面外声发射在薄板中产生的典型信号

当然，在解决实际工程中问题时不能采用观察波形的方法，因为弯曲波和扩展波的频率成分不同，在实际工程中可以采用选取不同频率段信号的方法。实际工程经验表明，利用高通滤波器或高频带通滤波器可主要获得横波和扩展波成分，而低频带通滤波器主要获得弯曲波分量。Dunegan 在三种不同厚度钢板上进行了模拟 IP 和 OOP 声发射源时延，并分别使信号通过高、低通滤波器，图 3-26 是试验结果，这些结果验证了上述设想。

目前，模态声发射技术已经成功应用于疲劳裂纹萌生与扩展、复合材料损伤、航空材料日历损伤的声发射检测和评估方面。

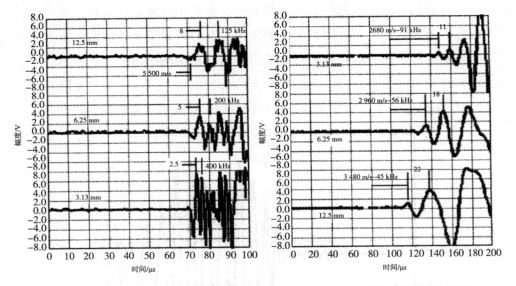

（a）IP 源信号通过高频带通滤波器　　（b）OOP 源信号通过低频带通滤波器

图 3-26　钢板中模拟声发射信号通过滤波器后的波形

（图中 3.13 mm、6.25 mm、12.5 mm 为板厚）

3.6.2 频谱分析技术

利用频谱分析法可以获取信号的频谱特征。频谱分析分为两大类，一是经典谱分析，二是现代谱分析。经典谱分析仪傅里叶变换为基础，又被称作为线性谱分析法，其中最重要、最基本的方法就是快速傅里叶变换，简称 FFT。现代谱分析与经典谱分析法相反，它是以非傅里叶分析为基础，是近些年发展起来的新兴学科，现代普分析法大致分为两大类，一是参数模型法，二是非参数模型法。

频域的谱分析技术因其具有简单和实用性强的优点，因此，被广泛应用于声发射信号的研究中，也是重要的辅助分析手段。目前，应用较为普遍的是以 FFT 为主的谱分析方法。

1. 基于 FFT 分析方法的原理

离散傅里叶变换（DFT）的定义为

$$X(k) = \sum_{n=0}^{N-1} x(n)\mathrm{e}^{-\mathrm{j}2\pi nk/N}, \quad k = 0, 1, \cdots, N-1 \tag{3-15}$$

$$x(n) = \frac{1}{N} \sum_{k=0}^{N-1} X(k)\mathrm{e}^{\mathrm{j}2\pi nk/N}, \quad n = 0, 1, \cdots, N-1 \tag{3-16}$$

式中：$X(k)$ 是离散频谱的第 k 个值；$x(n)$ 是时域采样的第 n 个值。时域与频域的采样数目是一样的。频域的每个采样值（谱线）都是从对时域的所有采样值的变换而得到的，反之亦然。

直接的 DFT 运算，对 N 个采样点要做 N^2 次运算，速度太慢。1965年，Cooley 和 Tukey 提出的规范化快速算法，被定名为快速傅立叶变换（FFT）。FFT 算法把 N^2 步运算减少为 $(N/2)\log_2 N$ 步，极大地提高了运算速度，给数字信号处理带来了革命性的进步。FFT 是 DFT 的一种快速算法，并没有对 DFT 作任何近似，因此精度没有任何损失。

DFT 是对于在有限的时间间隔（称为时间窗）内采样数据的变换，这有限的时间窗即是 DFT 的前提，同时又会在变换中引起某些不希望出现的结果，即谱泄漏和栅栏效应。

2. 窗函数的加权

为了消除谱泄漏，最理想的方法当然是选择时间窗长度使它正好等于周期性信号的整数倍，然后做 DFT，但这实际上不可能做到。实际的办法是对时间窗用函数加权，使采样数据经过窗函数处理再作变换。其中，加权函数称为窗函数，或简称为窗。在加权的概念下，人们所说的时间窗就可以看作加了相等权的窗函数，即时间窗本身的作用相当于宽度与它相等的矩形窗函数的加权。

选择窗函数的简单原则如下：

（1）使信号在窗的边缘为 0，这样就减少了截断所产生的不连续效应；

（2）信号经过窗函数加权处理后，不应该丢失太多的信息。

基于上述分析，在声发射信号的处理中，通常在进行 FFT 时，将窗函数作为预处理方法，以实现信号的谱连续性。

3.6.3 小波分析技术

小波分析技术是近些年发展起来的一种信号处理方法，它与上述讲到的时域分析和频域分析的不同点是，小波变换具有同时在时域和频域表征信号局部特征的能力，既能够刻画某个局部时间段信号的频谱信息，又可以描述某一频谱信息对应的时域信息。这对于分析含有瞬态现象的声发射信号是最合适的。

1. 小波变换的定义

对于任意平方可积的函数 $\psi(t)$，其傅里叶变换为 $\psi(\omega)$，若 $\psi(\omega)$ 满足：

$$\int_{R} \frac{|\psi(\omega)|^2}{|\omega|} \mathrm{d}\omega < \infty$$

则称 $\psi(t)$ 为小波基函数，将小波基函数进行伸缩和平移后得到：

$$\psi_{a,b}(t) = \frac{1}{\sqrt{a}}^{-1/2} \psi\left(\frac{t-b}{a}\right) \quad (a, b \in \mathbf{R}; a \neq 0)$$

称其为一个小波序列，其中 a 为尺度因子，b 为时间因子。

对于任意平方可积的函数 $f(t) \in L^2(\mathbf{R})$，其连续小波变换的定义为

$$W_f(a, b) = \langle f, \psi_{a,b} \rangle = |a|^{-1/2} \int_{\mathbf{R}} f(t) \psi^*\left(\frac{t-b}{a}\right) \mathrm{d}t \qquad （3-17）$$

若对式（3-17）中的尺度因子 a 和时间因子 b 进行离散化，即取 $a = a_0^m (a_0 > 1), b = nb_0 a_0^m (b_0 \in \mathbf{R}; m, n \in \mathbf{Z})$，则可定义函数 $f(t)$ 的离散小波

变换。为了便于计算机运算，尺度因子 a 通常取为 2。

2. 小波变换的时频局部分析

（1）小波变换对信号的频域分析。令小波基函数 $\psi(t)$ 的频谱函数为 $\psi(\omega)$，根据傅里叶变换的性质，小波序列 $\psi_{a,b}(t)$ 的频谱函数为 $a^{1/2}\psi(a\omega)\mathrm{e}^{-\mathrm{j}\omega b}$。由此可见，时间因子 b 只是改变信号在频域的相位，而尺度因子 a 则对信号起着频限的作用：信号被分成不同的频带成分，尺度因子越大，频率越小，频带越窄。

假设用采样率 $2f_s$ 对信号 $f(t)$ 进行 j 尺度小波分析，则 $f(t)=\sum\limits_{i=1}^{j}D_i+A_j$，其中 A_j 的频带范围是 $\left[0,\ f_s/a^j\right]$，D_i 的频带范围是 $\left[f_s/a^i,\ f_s/a^{i-1}\right], 1\leqslant i\leqslant j$。

（2）小波变换对信号的时域分析。式（3-17）表明，小波序列函数可以看成一系列窗函数。在 b 时间点对 $f(t)$ 进行局部分析，设小波基函数 $\psi(t)$ 的中心为 t^*，时间窗宽为 $2\Delta t$，则式（3-17）在时间窗

$$\left[at^*+b-a\Delta t,\ at^*+b+a\Delta t\right] \tag{3-18}$$

内对 $f(t)$ 进行时域局部分析。

类似的，令小波基函数 $\psi(t)$ 的频谱函数 $\psi(\omega)$ 的中心频率为 ω^*，频带宽为 $2\Delta\omega$，则根据傅里叶变换的性质，式（3-18）的时间窗对应的频窗为

$$\left[\frac{\omega^*}{a}-\frac{\Delta\omega}{a},\ \ \frac{\omega^*}{a}+\frac{\Delta\omega}{a}\right] \tag{3-19}$$

对于较小的尺度 a，其对应的是高频信号，根据式（3-18）和式（3-19）可知，小波变换对函数 $f(t)$ 的局部分析在时域采用较小的时窗，而在频域采用较大的频窗；对于较大的尺度 a，其对应的低频信号的分析则刚好相反。正是因为小波函数具有可变的时窗和频窗，使得小波变换在时域和频域同时具有良好的局部化特性，这对于含有瞬态变化的信号具有很好的分析能力。

3.6.4 模式识别技术

模式识别是近 30 年来得到迅速发展的一门新兴的学科。对于什么是模式，或者机器能辨认的模式，没有确切的定义。对此很多专家都给出了自己的见解。虽然关于模式识别技术的理论还不完善，但是它对于人工智能研究发挥着重要作用。目前，模式识别技术已经广泛应用于各个领域，比如文字识别、语音识别、语音合成、目标识别与分类、图像分析与识别等。近 20 年，模式识别技术在声发射信号分析中得到了广泛应用。

由于模式特征的选取和识别方式的差异，前人提出了模板匹配、统计特征和句法结构法；采用逻辑特征法，模糊模式识别法，ANN 进行模式识别。在此基础上，本书提出了一种基于神经网络的模式辨识与统计特性的新方法。

统计特性方法是根据贝叶斯最小错误原则，从已知类型中抽取并分析各类特性，从中选择出适合分类的特性，并根据已知类型，对它们的统计平均数等进行单独的学习；基于上述统计特性，提出了一种具有最小分类错误率的判别超平面。对已知的模式识别模型，从相似的模式识别中抽取、分析出其对应的模式识别模型，并由判别超平面公式确定其对应的模式识别模型。

图 3-27 是在实际工程中，应用了特征映射模式辨识法的一种有代表性的模式辨识图。图 3-28 是应用 Fisher 线性分类法，在实际应用中得到的一种典型的、用于压力容器中的声发射信号的图像。

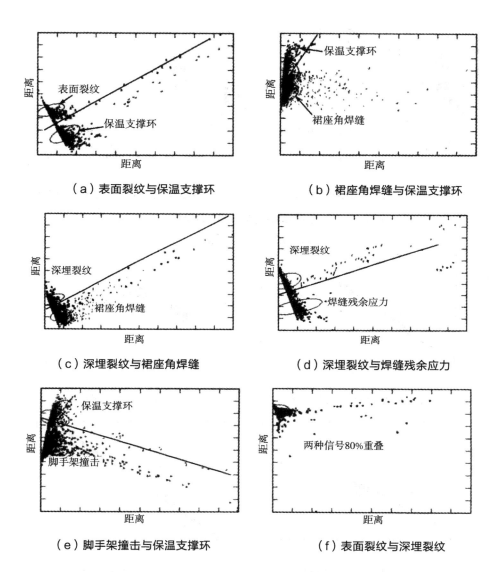

（a）表面裂纹与保温支撑环　　　　　　　（b）裙座角焊缝与保温支撑环

（c）深埋裂纹与裙座角焊缝　　　　　　　（d）深埋裂纹与焊缝残余应力

（e）脚手架撞击与保温支撑环　　　　　　（f）表面裂纹与深埋裂纹

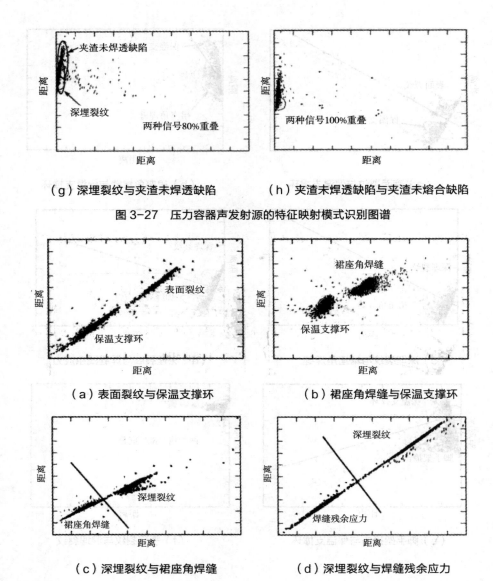

（g）深埋裂纹与夹渣未焊透缺陷　　　　（h）夹渣未焊透缺陷与夹渣未熔合缺陷

图 3-27　压力容器声发射源的特征映射模式识别图谱

（a）表面裂纹与保温支撑环　　　　　　（b）裙座角焊缝与保温支撑环

（c）深埋裂纹与裙座角焊缝　　　　　　（d）深埋裂纹与焊缝残余应力

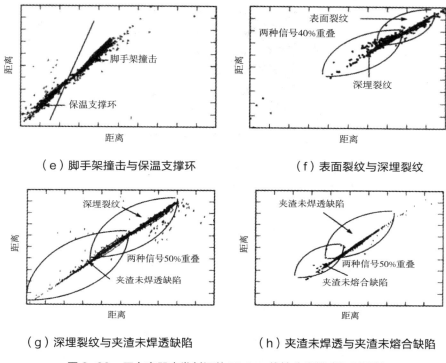

（e）脚手架撞击与保温支撑环　　　　　　　（f）表面裂纹与深埋裂纹

（g）深埋裂纹与夹渣未焊透缺陷　　　　　（h）夹渣未焊透与夹渣未熔合缺陷

图 3-28　压力容器声发射源的 Fisher 线性分类模式识别图谱

3.6.5 人工神经网络模式识别技术

近些年，人们对人工神经网络模式识别技术在声发射检测领域的应用展开了大量研究，利用该技术可以判断一些声发射源的性质。下面以实例阐述人工神经网络模式识别技术在声发射检测中的应用。

BP 神经网络模型即误差后向传播神经网络模型，是人工神经网络模型中使用较为广泛的一种。图 3-29 是一个有 11 个输入模式、3 个输出模式、输入层和隐层均为 5 个神经元以及输出层为 3 个神经元的三层 BP 网络结构。图 3-30 为误差后向传播原理图。

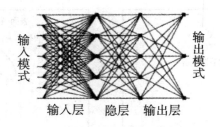

图 3-29　一个三层 BP 网络结构

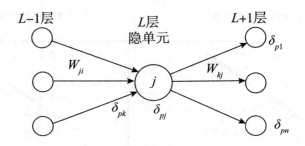

图 3-30　误差后向传播原理图

经大量测试分析发现，对每一个声发射撞击将如下 11 个特征参数作为人工神经网络的输入是较佳的选择，这 11 个特征参数中前 6 个为原始波形特征参数，后 5 个为它们之间组合派生出的特征参数：①上升时间；②计数；③能量；④持续时间；⑤幅度；⑥到峰计数；⑦上升时间 / 持续时间；⑧计数 / 持续时间；⑨能量 / 持续时间；⑩到峰计数 / 计数；幅度 X 上升时间。

根据现场压力容器声发射检测的需要，设计以焊接表面裂纹、焊接深埋裂纹、夹渣未焊透缺陷、焊缝残余应力释放和机械碰撞摩擦 5 种声发射源为最终识别分类模式，考虑到在计算机中应用方便，网络为 $50 \times 50 \times 5$ 的三层结构。对每个典型声发射源各抽取约 500 个声发射信号对网络进行培训。在培训到第 400 次时其均方差为 0.14，而识别正确率为 93%。表 3-4 是采用培训信号数据对网络的培训结果，表 3-5 是采用已培训好的网络对每个源的测试数据进行模式识别的分类结果。

表3-4　人工神经网络对5种声发射源模式的培训结果

输出模式	表面裂纹	深埋裂纹	夹渣未焊透缺陷	残余应力	机械撞击摩擦
输出分类率/%	89.0	97.5	86.5	98.1	99.5

表3-5　人工神经网络对5种声发射源测试数据的识别结果（%）

输出模式	输入模式				
	表面裂纹	深埋裂纹	夹渣未焊透	残余应力	机械撞击摩擦
机械撞击	0	0	0	0	100
残余应力	0	0	0	100	0
表面裂纹	84	0	16	0	0
深埋裂纹	2.4	94.2	1.5	1.9	0
夹渣未焊透	0	0	84	16	0

　　由表 3-4 可见，已训练好的网络对于培训数据的最低正确识别率为 86.5%。

　　对于测试数据，由表 3-5 可见，表面裂纹和夹渣未焊透缺陷的正确识别率最低，但仍为 84%。由此证明，该网络的训练效果较好，具有较高的泛化能力。

　　表 3-5 列出了应用这一已培训好的人工神经网络对表 3-7 给出的 6 种现场压力容器的声发射源进行模式识别分析的结果。由表可知，6 个声发射源中有 5 个声发射源的识别结果与表 3-7 所给出的复验结果基本一致，总的正确识别率约为 83%。只有 2 号声发射源被 100% 识别为机械碰撞摩擦信号，与表 3-7 中复验结果给出的焊疤表面裂纹不符。分析其原因是该表面裂纹的最大深度只有 3 mm，在 2.0 MPa 的试验压力下是不会产生裂纹扩展的，而本网络用于培训的表面裂纹信号，大部分是由裂纹扩展产生的，因此两种声源的模式确实不应该相同。另外，这一结果也说明，该表面裂纹产生的声发射信号与裂纹面的摩擦有关。

声发射无损检测技术在钢结构焊缝检测中的实践应用研究

表3-6　人工神经网络对表3-6给出的6中现场压力容器的声发射源的模式识别分析结果

（分类率：%）

输出模式	输入模式				
	表面裂纹	深埋裂纹	夹渣未焊透	残余应力	机械撞击摩擦
1号声发射源	9.8	82.5	5.4	2.3	0
2号声发射源	0	0	0	0	100
3号声发射源	10.8	0	83.8	5.4	0
4号声发射源	0	0	0	0	100
5号声发射源	0	0	25.2	13.0	61.8
6号声发射源	0	0	39.6	25.5	34.5

表3-7　现场压力容器的声发射源及复验结果

编号	声发射源的描述	常规 NDT 复验结果
1	1 000 m³ 球罐纵缝上出现的声发射信号源	超声波探伤仪发现 1 个长 15 mm、宽 10 mm、深 5 mm 的深埋裂纹和一些夹渣未焊透缺陷
2	1 000 m³ 球罐纵缝上出现的声发射信号源	射线探伤在附近 3 个部位发现大量气孔、夹渣、未熔合、未焊透等超标缺陷和 1 条长 20 mm 的深埋裂纹等
3	400 m³ 球罐焊疤部位出现的声发射源	磁粉探伤发现 3 条长度分别为 15 mm、20 mm 和 30 mm 的表面裂纹，最大深度 3 mm
4	换热器裙座垫板与简体的角焊缝部位出现的大量声发射信号源	磁粉探伤没有发现表面裂纹
5	120 m³ 球罐支柱与球壳的角焊缝部位产生的声发射信号源	磁粉探伤发现 1 条长 10 mm、深度小于 0.5 mm 的浅表面裂纹
6	氢气钢瓶上的保温支撑环部位出现的声发射信号源	目视检查发现该处的保温支撑环已严重腐蚀，支撑环与简体之间存在大量氧化物

　　从表 3-5 中可以发现，另外一个较有意义的结果是采用人工神经网络方法可以对产生声发射源信号的各种机制进行定量分析，但由于培训此网络使用的表面裂纹数据中包含夹渣物断裂的分量，而焊接缺陷的声发射信号中又包含残余应力释放的分量，因此采用此网络对声发射信号的分析不能得到各种机制产生声发射信号的准确结果。由此，针对产生声发射信号各种机制的鉴别，需要获得单一声发射源机制产生的声发射信号，对已建立的网络重新进行培训。

第4章　钢结构中常见的焊缝类型

在钢结构中有多种焊接方法，其中有电弧焊、电渣焊、电阻焊、气体保护焊和气焊等。焊缝连接和铆钉连接、螺栓连接相比有以下优点。

（1）不需要对钢板进行钻孔，节约了大量的人力和物力，而且不会对钢板的断面造成任何损伤，可以最大限度地发挥材料的作用。

（2）在不需要其他辅助部件的情况下，能够将任意形状的部件连接起来，并且结构简单。

（3）具有良好的密封性能和较高的构造刚性。

但焊缝连接也有缺陷，其缺陷主要表现如下。

（1）在焊接过程中，由于高温的存在，会在焊缝附近产生热影响区，使材料的微观结构、力学性质发生改变，从而导致材料的脆化。

（2）焊接残余应力可导致焊接构件发生脆性失效，残余变形可导致钢结构尺寸、形态发生改变，若需要修正，则会导致费用上升。

（3）若结构发生局部裂纹，则容易蔓延至整个钢结构，给整个钢结构带来不良影响，并产生低温的冷脆性。

目前，在钢结构中有多种焊缝类型，常见的焊缝类型有对接焊缝、角焊缝和电渣焊缝。

4.1　对接焊缝

4.1.1　对接焊缝的构造要求

对接焊缝的钢材焊件常常需要做成坡口，所以也被称作坡口焊缝。焊件的厚度决定了坡口形式。比如，当焊件厚度较小时（ $t \leqslant 10\ \text{mm}$ ），可采用直边缝。对于一些一般厚度的焊件（ $t=10 \sim 20\ \text{mm}$ ），可采用 V

形焊缝或单边 V 形焊缝。对于一些较厚（$t > 20$ mm）的焊件，可以采用 X 形、U 形或 K 形坡口，如图 4-1 所示。需要指出的是，对于 U 形焊缝和 V 形焊缝，需要对焊缝的根部进行补焊，以确保焊接牢固。在选择焊接坡口形式时要依据现行标准《气焊、焊条电弧焊、气体保护焊和高能束焊的推荐坡口》（GB/T 985.1—2008）和《埋弧焊的推荐坡口》（GB/T 985.2—2008）。

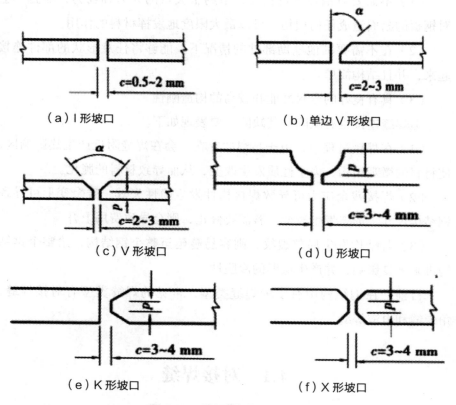

（a）I 形坡口　　　　　　　　　（b）单边 V 形坡口

（c）V 形坡口　　　　　　　　　（d）U 形坡口

（e）K 形坡口　　　　　　　　　（f）X 形坡口

图 4-1　对接焊缝的坡口形式

对于对接焊缝焊件边缘通常需进行坡口加工，这就要求焊件的尺寸必须精准，在焊接时需要保持一定的间隙。对于对接焊缝的起点和终点常常因为不能熔透，引起凹形的焊口，在构件受力后容易出现应力集中和裂缝，因此，在焊接时常采用引弧板，如图 4-2 所示。

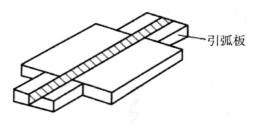

图 4-2　引弧板

在对接焊缝的拼接中，当焊件的宽度不同，或者厚度相差 4 mm 以上时，应该从两个方向，即宽度和厚度一侧或两侧，做成坡度不大于1 : 2.5 的斜坡，如图 4-3 所示，这样做的目的是使截面和缓过渡，减少应力集中。

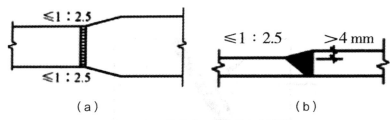

（a）　　　　　　　　　　　（b）

图 4-3　不同厚度及宽度的钢板拼接

4.1.2 对接焊缝的计算

1. 轴心受力的对接焊缝计算

轴心受力的对接焊缝，如图 4-4 所示，其强度可按式（4-1）计算：

$$\sigma = \frac{N}{l_w h_e} \geqslant f_t^w \text{或} f_c^w \tag{4-1}$$

式中：N 为轴心拉力或压力；l_w 为焊缝的计算长度，当不采用引弧板时，取实际长度减去 $2t$（t 为较薄钢板的厚度）；h_e 为对接连接的计算厚度，在对接连接节点中取连接件的较小厚度，在 T 形连接节点中取腹板厚度；f_t^w、f_c^w 为对接焊缝的抗拉、抗压强度设计值。

因为一级和二级检验的焊缝和母材强度相等，所以只有三级检验的焊缝需按式（4-1）进行抗拉强度验算。在焊缝不能满足强度要求时，可采用如图 4-4（b）所示的斜对接焊缝。通过计算可以证明，焊缝与作用力间的夹角 θ 满足 $\tan\theta \leqslant 1.5$ 时，斜对接焊缝的强度不低于母材强度，可不再进行验算。

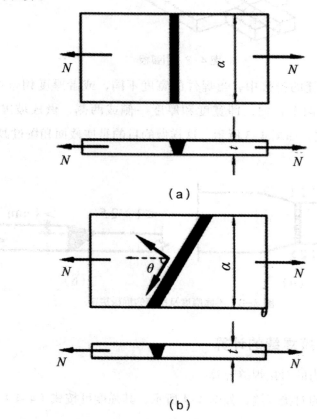

图 4-4　对接焊缝受轴心力

试验算如图 4-4 所示钢板的对接焊缝的强度。其中 a=540 mm，t=22 mm，轴心力的设计值 N=2 150 kN。钢材为 Q235B，采用手工焊接，焊条为 E43 型，按三级焊缝质量检验，施焊时加引弧板。

解：直焊连接焊缝的计算长度 l_w =54。cm。

焊缝正应力为

$$\sigma = \frac{N}{l_w h_e} = \frac{2\,150 \times 10^3}{540 \times 22}\ \text{N}/\text{mm}^2 = 181\ \text{N}/\text{mm}^2 > f_t^w = 175\ \text{N}/\text{mm}^2$$

不满足要求，改用斜对接焊缝，取截割斜度为 1.5 ： 1，即 $\theta = 56°$，焊缝长度为

$$l_\mathrm{w} = \frac{a}{\sin\theta} = \frac{540}{\sin 56°}\,\mathrm{mm} \approx 650\,\mathrm{mm}$$

故此时焊缝的正应力为

$$\sigma = \frac{N\sin\theta}{l_\mathrm{w}h_\mathrm{e}} \approx \frac{2150\times 10^3 \times \sin 56°}{651\times 22}\,\mathrm{N\,/\,mm^2}$$

$$\approx 124\,\mathrm{N\,/\,mm^2} < f_\mathrm{t}^\mathrm{w} = 175\,\mathrm{N\,/\,mm^2}$$

剪应力为

$$\tau = \frac{N\cos\theta}{l_\mathrm{w}h_\mathrm{e}} \approx \frac{2150\times 10^3 \times \cos 56°}{651\times 22}\,\mathrm{N\,/\,mm^2}$$

$$\approx 84\,\mathrm{N\,/\,mm^2} < f_\mathrm{v}^\mathrm{w} = 120\,\mathrm{N\,/\,mm^2}$$

这说明当 $\tan\theta \leqslant 1.5$ 时，焊缝强度能够保证，可不必计算。

2. 承受弯矩和剪力共同作用的对接焊缝强度计算

图 4-5（a）为对接焊缝受弯矩和剪力共同作用的情况，由于焊缝截面是矩形，正应力与剪应力图形分别为三角形与抛物线，其最大值应分别满足下列强度条件：

$$\sigma_{\max} = \frac{M}{W_\mathrm{w}} = \frac{6M}{l_\mathrm{w}^2 h_\mathrm{e}} \leqslant f_\mathrm{t}^\mathrm{w} \tag{4-2}$$

$$\tau_{\max} = \frac{VS_\mathrm{w}}{I_\mathrm{w}h_\mathrm{e}} = \frac{3}{2}\frac{V}{l_\mathrm{w}h_\mathrm{e}} \leqslant f_\mathrm{v}^\mathrm{w} \tag{4-3}$$

式中：W_w 为焊缝截面抵抗矩；S_w 为焊缝截面面积矩；I_w 为焊缝截面惯性矩；V 为剪力；f_v^w 为抗剪强度设计值。

在对接和 T 形连接中，承受弯矩和剪力共同作用的对接焊缝或对接角接组合焊缝，其最大正应力和剪应力按式（4-2）和式（4-3）分别进行计算。但是在同时受有较大正应力和剪应力处应按式（4-4）计算折算应力：

$$\sqrt{\sigma_1^2 + 3\tau_1^2} \leqslant 1.1 f_\mathrm{t}^\mathrm{w} \tag{4-4}$$

式中：σ_1、τ_1 为验算点处的焊缝正应力和剪应力；1.1 为考虑到最大折算
应力只在局部出现，而将强度设计值适当提高的系数。

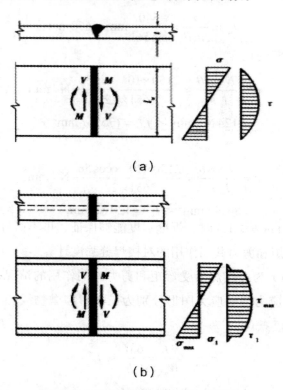

（a）

（b）

图 4-5　对接焊缝受弯矩和剪力共同作用

3. 承受轴心力、弯矩和剪力共同作用的对接焊缝

当轴心力与弯矩、剪力共同作用时，焊缝的最大正应力应为轴心力
和弯矩引起的应力之和（图 4-6），计算公式见式（4-5）。

$$\sigma_{\max} = \frac{M}{W_{\mathrm{w}}} + \sigma^N = \frac{6M}{l_{\mathrm{w}}^2 h_{\mathrm{e}}} + \frac{N}{l_{\mathrm{w}} h_{\mathrm{e}}} \leqslant f_{\mathrm{t}}^{\mathrm{w}} \qquad （4-5）$$

式中：σ^N 为轴心力产生的正应力。

剪应力按式（4-3）验算，折算应力仍按式（4-4）验算。

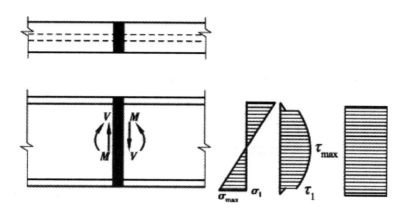

图 4-6 对接焊缝受轴心力、弯矩和剪力共同作用

验算如图 4-7（单位：mm）所示 Q235B 热轧普通工字钢 I20a 的对接焊缝强度。对接截面承受弯矩 M=45 kN·m，剪力 V=80 kN，采用手工焊接，焊条为 E43 型（按二级焊缝质量检验）。

解：由型钢表可查得：I_x=2370 cm⁴，W_x=236.9cm³，S_x=136.1 cm³。又 $I_w = I_x$，$W_w = W_x$，$S_w = S_x$。

由附表可查得，$f_c^w = f_t^w = 215\,\text{N}/\text{mm}^2$，$f_v^w = 125\,\text{N}/\text{mm}^2$

$$\sigma_{\max^N} = \frac{M}{W_w} = \frac{45\times10^6}{237\times10^3}\,\text{N}/\text{mm}^2$$

$$\approx 189.87\,\text{N}/\text{mm}^2 < f_t^w = 215\,\text{N}/\text{mm}^2$$

$$\tau_{\max} = \frac{VS_w}{I_w h_e} = \frac{80\times10^3\times136.1}{2370\times7\times10}\,\text{N}/\text{mm}^2$$

$$\approx 65.63\,\text{N}/\text{mm}^2 < f_v^w = 125\,\text{N}/\text{mm}^2$$

此外，还要验算腹板边缘 A 点对接焊缝的折算应力，即

$$\sigma_A^w = \frac{My_A}{I} = \frac{45\times10^6\times8.86}{2370\times10^3}\,\text{N}/\text{mm}^2 \approx 168.23\,\text{N}/\text{mm}^2$$

A 点以下翼缘焊缝截面对中和轴的面积矩为

$$S_w = 1.14\times10\times\left(10-0.57\right)\text{cm}^3 \approx 107.5\,\text{cm}^3$$

$$\tau_A^w \approx \frac{80 \times 10^3 \times 107.50}{2370 \times 7 \times 10} \text{N/mm}^2 \approx 51.84 \text{N/mm}^2$$

所以

$$\sqrt{\left(\sigma_A^w\right)^2 + 3(\tau_A^w)^2} \approx \sqrt{168.23^2 + 3 \times 51.84^2} \text{N/mm}^2 ,$$

$$\approx 190.69 \text{N/mm}^2 < 1.1 \times 215 \text{N/mm}^2 = 236.5 \text{N/mm}^2$$

因此对接焊缝满足强度要求。

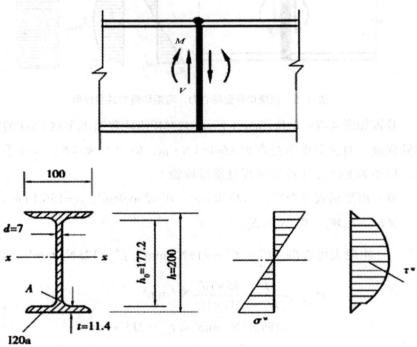

图 4-7　工字钢对接焊缝示意图

4.2　角焊缝

4.2.1 角焊缝的形式与构造要求

1.角焊缝的形式

角焊缝按照受力不同可分为端面角焊缝和侧面角焊缝，如图 4-8 所示。端面角的焊缝方向长度与作用力垂直，侧面角焊缝的方向与长度与作用力平行。

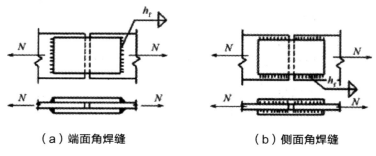

（a）端面角焊缝　　　　　　（b）侧面角焊缝

图 4-8　端面角焊缝、侧面角焊缝示意图

角焊缝按照截面不同可分为直角角焊缝和斜角角焊缝。其中直角角焊缝按照截面不同可分为普通型、凹面型、平坦型。其中普通型使用较多，在焊缝承受直接动力荷载时才会出现凹面型和平坦型，如图 4-9 所示。

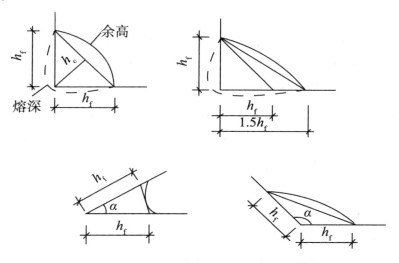

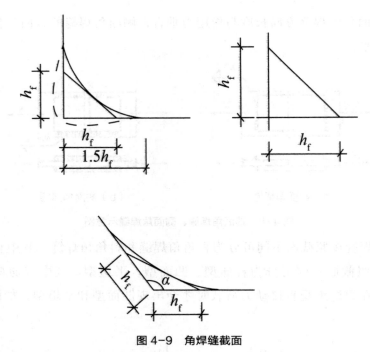

图 4-9　角焊缝截面

通过大量试验，证明了侧向角焊接头以剪切力为主，具有良好的塑性、较高的弹性模量、较低的强度。结果表明，在侧向角焊缝中，由于传力线经过侧向角焊缝，导致了侧向角的弯曲，使侧向角的应力在侧向上出现了不均匀的分布，出现了两头大，中间小的现象。随着焊接接头长度的增加，焊接接头的应力分布更加不均匀，而当焊接接头进入塑性区后，由于应力的重新分配，这种不均匀的情况逐渐得到缓解。另外，还进行了多项实验，结果表明：橡胶棉短焊接接头的静强度比边角焊接接头的静强度大。

2. 角焊缝的构造要求

（1）最小焊脚尺寸。角焊缝的焊脚不能太小，如果太小，在焊接时产生的热量会减少，在焊件厚度比较大，在焊接时会冷却过快，则会产生硬组织，会导致母材开裂。根据国家规范《钢结构设计标准》（GB 50017—2017），其中规定角焊缝的最小焊脚尺寸按表 4-1 取值，在承受动荷载时，焊脚尺寸不宜小于 5 mm。

表4-1　角焊缝最小焊脚尺寸（mm）

母材厚度 t	角焊缝最小焊脚尺寸 h_f
$t \leqslant 6$	3
$6 < t \leqslant 12$	5
$12 < t \leqslant 20$	6
$t > 20$	8
注：1. 采用不预热的非低氢焊接方法进行焊接时，t 等于焊接连接部位中较厚件厚度，宜采用单道焊缝；采用预热的非低氢焊接方法或低氢焊接方法进行焊接时，t 等于焊接连接部位中较薄件厚度。 2. 焊缝尺寸 h_f 不要求超过焊接连接部位中较薄件厚度的情况除外。	

（2）最小计算长度。对于搭接的侧面角焊缝来说，如果焊缝长度过小，因为力线弯折大，会造成严重的应力集中。为了使焊缝能够具有一定的承载能力，根据实际经验，角焊缝的计算长度不得小于 $8h_f$ 和 40 mm，焊缝计算长度应为扣除引弧、收弧长度后的焊缝长度。

（3）角焊缝的大街焊缝连接中，当焊缝计算长度 l_w 超过 $60h_f$ 时，焊缝的承载力设计值应乘以折减系数 a_f，$a_f = 1.5 - \dfrac{l_w}{120h_f}$，并不小于 0.50。

4.2.2 角焊缝的强度计算

下面是以轴心力作用时的角焊缝为例的计算。

在图 4-10 的连接中，当轴心力通过连接焊缝中心时，可以认为焊缝应力分布是均匀的。在只有侧面角焊缝时，按式（4-6）进行计算。在只有端面角焊缝时，按式（4-7）进行计算。

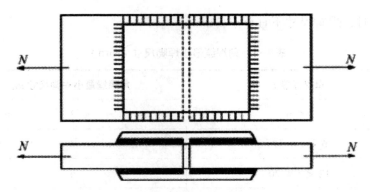

图 4-10　受轴心力作用的角焊缝连接

$$\tau_f = \frac{N}{h_e l_w} \leqslant f_f^w \qquad (4-6)$$

$$\sigma_f = \frac{N_y}{h_e l_w} \leqslant \beta_f f_f^w \qquad (4-7)$$

式中：h_e 为角焊缝的有效厚度，对于直角角焊缝取 $0.7h_f$；l_w 为焊缝的计算长度，焊缝的两端各减去 h_f，若加引弧板则不减；f_f^w 为角焊缝的强度设计值；β_f 为正面角焊缝强度设计值增大系数。

当采用三面围焊时，先按式（4-8）计算端面角焊缝所承担的内力，即

$$N_1 = \beta_f f_f^w \sum h_e l_{w1} \qquad (4-8)$$

式中：$\sum h_e l_{w1}$ 为连接一侧端面角焊缝有效面积的总和。

再由式（4-9）验算侧面角焊缝的强度，即

$$\tau_f = \frac{N - N_1}{\sum h_e l_{w2}} \leqslant f_f^w \qquad (4-9)$$

式中：$\sum h_e l_{w2}$ 为连接一侧侧面叫焊接有效面积的总和。

如图 4-11 所示，用拼接板进行平接连接，已知主板截面尺寸为 $14\,mm \times 400\,mm$，承受轴心力设计值 N=920 kN（静力荷载），钢材为 Q235B 钢，采用 E43 型焊条，手工焊，试按以下方式设计拼接板尺寸：

（1）用侧面角焊缝；

（2）用三面围焊。

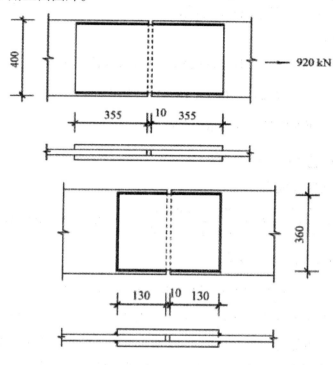

图 4-11　拼接板平接连接

解：（1）拼接板截面选择：根据拼接板和主板承载能力相等原则，拼接板钢材也采用 Q235B 钢，两块拼接板截面面积之和应不小于主板截面面积，考虑拼接板要侧面施焊，取拼接板宽度为 360 mm（主板与拼接板宽度差要略大于 $2h_f$）。

拼接板厚度 $t_1 = （400 \times 14）/（2 \times 360）\approx 7.8$（mm），取 $t_1 = 8$ mm。

故拼接板截面尺寸为 360 mm × 8 mm。

（2）焊缝计算。直角焊缝强度设计值 $f_f^w = 160 \text{N}/\text{mm}^2$，根据构造要求取 $h_f = 6$ mm。

①采用侧面焊缝时，侧面角焊缝实际长度为

$$l_w = \frac{N}{4h_e f_f^w} + 2h_f = \frac{920 \times 10^3}{4 \times 0.7 \times 6 \times 160} + 2 \times 6 \approx 342 + 12 = 354 \text{(mm)}$$

取 $l_w = 355$ mm，

被拼接两板间宜留出 10 mm 缝隙，则拼接板长度为

$$l = 2 l_w + 10 = 2 \times 355 + 10 = 720 （\text{mm}）$$

②采用三面围焊时，端部角焊缝承担力为

$$N_1 = \beta_f f_f^w \sum h_e l_{w1} = 1.22 \times 160 \times 0.7 \times 6 \times 360 \times 2 N = 590285 \text{N} \approx 590 \text{kN}$$

侧面角焊缝实际长度为

$$l_w = \frac{N - N_1}{4h_e f_f^w} + h_f = \frac{(920 - 590) \times 10^3}{4 \times 0.7 \times 6 \times 160} + 6 \approx 123 + 6 = 129 \text{(mm)}$$

取 $l_w = 130$ mm，拼接板长度为

$$l = 2l_w + 10 = 2 \times 130 + 10 \text{ mm} = 270 （\text{mm}）$$

比较以上两种方案，可见三面围焊比仅在侧面施焊更经济合理。

当角钢用侧缝连接时，如图 4-12 所示，由于角钢截面形心到肢背和肢尖的距离不相等，靠近形心的肢背焊缝承受较大的内力。设 N_1 和 N_2 分别为角钢肢背与肢尖焊缝承担的内力，由平衡条件可知：

$$N_1 + N_2 = N$$

$$N_1 e_1 = N_2 e_2$$

$$e_1 + e_2 = b$$

解上式的肢背和肢尖受力为

$$\begin{cases} N_1 = \dfrac{e_2}{b} N = k_1 N \\ \\ N_2 = \dfrac{e_1}{b} N = k_2 N \end{cases} \qquad （4-10）$$

式中：N 为角钢承受的轴心力；k_1、k_2 为角钢角焊缝的内力分配系数，按表 4-2 取值。

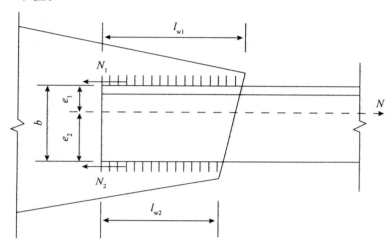

图 4-12 角钢的侧缝连接

表4-2 角钢焊缝的轴力分配系数

角钢种类	连接情况	角钢肢背 k_1	角钢肢尖 k_2
等肢角钢		0.70	0.30
不等肢角钢短肢相并		0.75	0.25
不等肢角钢长肢相并		0.65	0.35

在 N_1 和 N_2 作用下，侧缝的直角角焊缝计算公式为

$$\begin{cases} \dfrac{N_1}{\sum 0.7 h_{f1} l_{w1}} \leqslant f_f^w \\[4mm] \dfrac{N_2}{\sum 0.7 h_{f2} l_{w2}} \leqslant f_f^w \end{cases} \qquad (4\text{-}11)$$

式中：h_{f1}、h_{f2}为肢背、肢尖的焊脚尺寸；l_{w1}、l_{w2}为肢背、肢尖的焊缝计算长度。

考虑到每条焊缝两端的起灭弧缺陷，实际焊缝长度为计算长度加 $2h_f$，但对于三面围焊，由于在杆件端部转角处必须连续施焊，每条侧面角焊缝只有一端可能起灭弧，故焊缝实际长度为计算长度加 h_f，对于采用绕角焊的侧面角焊缝，其实际长度等于计算长度（绕角焊缝长度 $2h_f$ 不计入计算）。

角钢用三面围焊时，如图 4-13 所示，既要考虑到焊缝形心线基本上与角钢形心线一致，又要考虑到侧缝与端缝计算的区别。计算时先选定端缝的焊脚尺寸，并计算出它所能承受的内力

$$N_3 = \beta_f \sum 0.7 h_{f3} l_{w3} f_f^w \qquad (4\text{-}12)$$

式中：h_{f3} 为端缝的焊脚尺寸；l_{w3} 为端缝的焊缝计算长度。

通过平衡关系得肢背和肢尖焊缝受力为

$$\begin{cases} N_1 = k_1 N - 0.5 N_3 \\ N_2 = k_2 N - 0.5 N_3 \end{cases} \qquad (4\text{-}13)$$

在 N_1 和 N_2 作用下，侧焊缝的计算公式与（4-11）相同。

当采用 L 形围焊时，如图 4-13 所示，令 $N_2 = 0$，由式（4-13）得

$$\begin{cases} N_3 = 2 k_2 N \\ N_1 = k_1 N - k_2 N = (k_1 - k_2) N \end{cases} \qquad (4\text{-}14)$$

L 形围焊焊缝的计算公式为

$$\begin{cases} \dfrac{N_1}{\sum 0.7 h_{f1} l_{w1}} \leqslant f_f^w \\ \dfrac{N_3}{\sum 0.7 h_{f3} l_{w3}} \leqslant f_f^w \end{cases} \qquad (4\text{-}15)$$

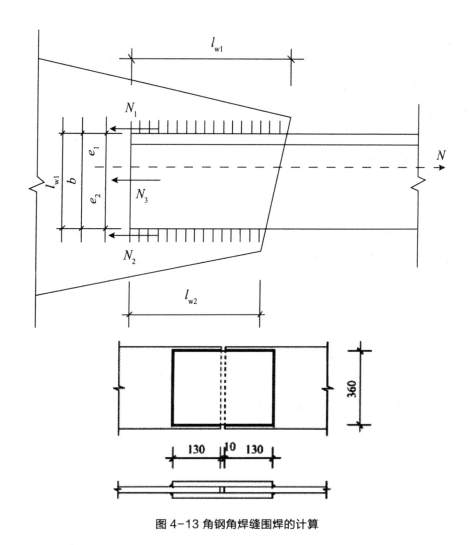

图 4-13 角钢角焊缝围焊的计算

4.3　电渣焊缝

电渣焊缝的特点如下。

（1）一次可以焊很厚的零件，而且零件不需要加工，只需要保证零件的边角有一定的组装缝隙就可以了。焊接节点具有较低的制备和组装需求及较高的生产效率。

（2）电渣焊通常采用竖直或近竖直的方式进行。因为在金属熔池上表面总是有一定量的高温渣池，因此，在焊接过程中，通常情况下不会出现气孔、夹渣等缺陷。

（3）电渣焊接热源的热集中度小，渣池对焊接件的加热效果好，不容易产生硬化组织，不容易产生冷裂。

（4）通过调整焊接电流或焊接电压，可以实现对金属熔池的熔化宽度及熔化深度的大范围调整。它既能调整焊接过程中的成形系数，又能避免焊接过程中出现热裂现象。另外，还可以通过调整基底材料和填充金属在焊接过程中的比例，来对焊接接头的化学组成和力学性能进行调控，减少焊接接头中的有害杂质。

（5）由于电渣焊的焊缝和近缝区的温度比较低，所以在焊接过程中，一般都不会有太大的温度变化。

（6）因加热、降温速率慢，在 1 000 ℃以上的温度下，焊接接头和热影响区的晶粒易生长，形成魏氏结构，为了使焊缝的晶粒变细，使其具有更高的冲击韧性，通常在焊后对其进行正火、回火等热处理。

第 5 章　钢结构焊缝的检测标准

5.1 钢结构设计与焊接工艺

5.1.1 钢结构设计

1. 钢结构设计标准的发展

钢结构设计是为了确保结构的安全可靠，能够在满足功能需求的前提下，使其工作可靠。结构设计的实质是在结构的可靠性和经济性之间取得合理的平衡，以最经济的方式和最合适的可靠程度来满足不同的预定功能，也就是结构的安全性、适用性和耐久性。因此，结构的设计规范应该是不同的影响（内力或变形）不会超过结构和连接（取决于几何和材料特性）的强度或极限。各项影响结构功能的因子通常为不确定的随机数值。因此，在设计过程中，合理地将各方面因素综合考虑，使得设计成果更加贴近现实，是长期以来钢结构设计方法不断发展和演变的目标。

我国的《钢结构设计标准》经过了四个发展阶段：允许应力法、最大荷载法、三系数极限状态法、概率极限状态法。现行《钢结构设计标准》（GB 50017—2017，以下简称《钢标》）中，除了疲劳计算，还使用了基于概率原理的极限状态设计公式，利用分因子设计公式进行计算；《铁路桥梁钢结构设计规范》（TB 1009—2017），即《桥规》中，采用了现代可允许应力计算方法。

2. 钢结构设计的基本要求

钢结构设计应考虑到安全性和适用性，技术要先进，经济方面的规划要合理，并且要确保质量。具体描述如下：

（1）安全可靠。钢结构在运输、安装和使用过程中必须满足正常使用极限状态和承载力极限状态的设计要求，保证足够的强度、刚度和稳定性。

（2）经济合理。合理地选择结构体系，使结构传力明确、受力合理，充分发挥材料强度，以尽可能节约钢材，降低造价。

（3）减少工时。避免采用过于复杂的体系和节点构造，充分利用钢结构工业化生产程度高的特点，尽可能缩短制造、安装时间，节约劳动工时。

（4）实用耐久。钢结构设计要充分考虑运输、安装及维修养护的便利，要合理选择材料、结构方案和构造措施，使结构具有良好的耐久性。

（5）造型美观。在满足以上基本要求的前提下，要求钢结构造型美观，与周边环境协调，设计中还应注意推广和创造新的结构体系，采用先进的制造工艺和安装技术，以便获得更好的综合指标。

3. 钢结构的深化设计

钢结构的深化设计，也称为详图设计或二次设计，是保证钢结构工程顺利加工、施工现场安装顺利进行的重要环节。在钢结构零件的生产与安装中，深入设计具有十分重要的意义。作为一种细分产业，深化设计可以说是一门工程专业。一般来说，在完成施工图后进行深化设计，依据《钢标》中的平面布置图、节点大样，确定钢构件的加工尺寸，并遵循《钢结构工程施工质量验收规范》（GB 50205—2001），以指导加工和现场装配，结合材料尺寸、运输能力、现场起重能力等因素，确定接头位置。再按制图规范及工厂图纸，制作出一套完整的加工制造图和现场安装图，并提供生产、安装所需的各类资料及表格，如订货单（方便厂商订货）、现场螺栓表、数控文件等。

详细图纸的制作方法有两种：手工绘图和利用三维 BIM 软件绘图。手工绘图要求绘图者具有较高的职业素质和较强的空间观念。但其最大的缺陷是易出现错误，且需要查找大量的资料。由于现场各种冲突问题都要事先加以考虑，一旦疏忽，不但要在工地上进行维修和纠正，而且还会带来不必要的损失。三维 BIM 软件可以极大地减少误差的产生，所看到的就是得到的，并且能够很容易地实现所需的各种表格和数据的自动生成，这是当前详细图纸制作的发展方向。

5.1.2 焊接工艺

1. 焊接的概念

焊接是通过加热或者加压，或者两者并用，并且用或不用填充材料，使工件达到原子结合的一种加工方法。焊接是形成金属材料不可拆卸连接的一种工艺方法。焊接是以原子扩散为基础，伴随技术结晶、再结晶的复杂的过程。

焊接方法有许多优点，主要表现如下。

（1）可以节约金属材料与工时。在金属结构构建构件生产中，用焊接代替铆接一般可节约金属材料 15% ～ 20%，同时又可节约钻孔、制造铆钉等辅助工时，还可减轻金属结构构件质量。图 5-1 是焊接与铆接结构的对比。

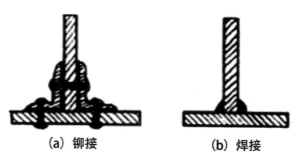

(a) 铆接　　　**(b) 焊接**

图 5-1　焊接与铆接结构

（2）可以采用"小拼大法"来制造较大的零件。在生产大型结构部件和复杂部件时，可以将其分块，简化为较简单的工艺，然后通过逐步组装和焊接的方式进行拼装。此外，还可以通过锻造 – 焊接或铸 – 焊的组合生产大型机械零件。

（3）能够将各种特性进行金属材料连接。采用焊接工艺将各种特性的金属材料结合为一体，不仅节约了昂贵的金属，还达到了工作的需要。比如，钻头的工作部位是将高速钢和碳素钢用焊接结合而成的；化学容器是将不锈钢钢板与碳钢焊接而成的复合结构，这既节约了不锈钢板，又满足了耐蚀性能；在易磨件表面堆焊一种耐磨性的合金材料，可以提高产品的使用寿命。

现有的焊接工艺仍有缺陷，例如，焊缝中会产生焊接应力、变形等，导致材料的力学性能降低；有些材料在焊接过程中仍存在一些问题，这就需要继续进行碳元素的研究来改进和解决。

2. 焊接方法分类

根据焊接工艺的特点，可以将其分为三大类：熔化焊、压力焊和钎焊。

熔化焊接是指通过不同热源的热能对焊接部位进行加热，使其熔化，冷却后凝固，从而形成一个整体。

压力焊是对焊接接头在常温下进行加压，使其与焊接件之间发生塑性变形，从而形成焊接点。压力焊无须填充工艺物料。

钎焊是将原来分开的两块金属材料，通过熔化的材料进行焊接。在钎焊中，被焊接的金属材料自身不会熔化，而焊接是通过焊接金属与钎料之间的原子的互相扩散来完成的。

以上各类型的焊接方法按工艺条件可分为几种特定的焊接方法，常用的焊接方法分类如图 5-2 所示。

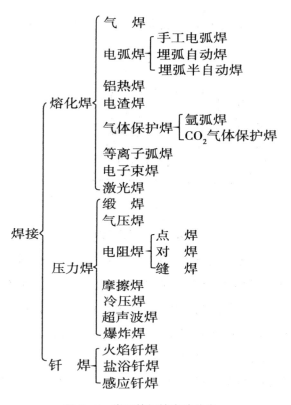

图 5-2　常用的焊接方法分类

3. 具体焊接工艺

（1）电弧焊。电弧焊是利用电弧产生的热能进行焊接的一类焊接方法，包括手工电弧焊、自动埋弧焊、气体保护焊、等离子焊等多种方法。

①手工电弧焊。手工电弧焊是利用电弧产生的热量熔化母材和焊条的一种手工操作焊接方法。手工电弧焊以其操作灵活、方便、设备简单等优点被广泛采用。

a. 焊接电弧。焊接电弧是在电极与工件间气体介质中强烈持久的放电现象。电弧引燃后，弧柱中就充满了高温电离气体，放出大量的热和强烈的光。

焊接电弧由三部分组成，即阴极区、阳极区和弧柱区，如图 5-3 所示。

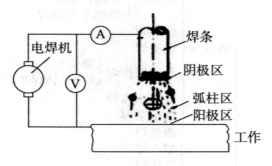

图 5-3　焊接电弧

　　阴极区是电子的发送区，其厚度约为千分之一毫米。阴极区比阳极区温度低，因为发射电子需要消耗一定的能量，阴极区的平均温度在 2 400 K 左右，占全部热量的 36%。阳极区由于受到电子的轰击和吸收，得到的能量更多，因此阳极区的温度比阴极区要高，阳极区的温度可以达到 2 600 K，整个区域的热量大约为 43%。弧柱区为阴极区与阳极区间的电弧段，弧柱区的温度可以达到 6 000 ～ 8 000 K，弧柱区的热量大约占全部热量的 21%。

　　由于电弧在阳、阴两个电极上的发热不同，所以采用直流焊机进行焊接时，一般采用正接、反接两种方法。正接是把工件接上电源正电极，而焊条接负电极（图 5-4 a），此时电弧的大部分热量都聚集在焊件上，这样可以促进焊件的熔化，所以常用来焊接厚焊件。反接是将工件与电源负电极连接，而焊条连接正电极（图 5-4 b）。

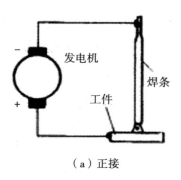
（a）正接

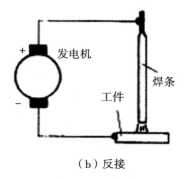
（b）反接

图 5-4　直流弧焊时的正接与反接

b. 手工电弧焊设备。手工电弧焊的基本设备是各种焊机，常见焊机分交流和直流两种。

（a）交流弧焊机。交流弧焊机是一种特殊的降压变压器，它具有结构简单、价格便宜、适用可靠、维护方便等优点，但在电弧稳定性方面不如直流弧焊机好。

BX3 - 300 型交流弧焊机是一种常用的手工电弧焊机，这种弧焊变压器由一个高而窄的口型铁芯和外绕初、次级绕组组成。初级和次级绕组分别由匝数相等的两盘绕组组成。初级绕组每盘中间有一个抽头，两盘绕组由夹板夹紧成一个整体，固定于铁芯的底部。次级绕组两盘也夹紧成一个整体，置于初级线圈上方（图 5-5（a）），通过手柄及调节丝杆可使次级绕组上下移动，以改变初、次级线圈间的距离 δ_{12}，调节焊接电流的大小。

BX3 - 300 型交流弧焊机的内部结构及外形分别如图 5-5（a）和（b）所示。

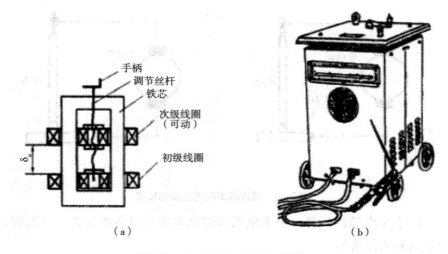

图 5-5　BX3-300 型交流弧焊机

下面介绍交流弧焊机的主要技术指标：输入电压、空载电压、工作电压；每个焊接设备的铭牌上都有输入容量、电流调节范围、负载持续率等参数。以下是主要技术参数的简要介绍。

第一，输入电压表示电弧焊设备所需的供电电压。普通的交流电弧焊设备，其输入电压为 220 V 或 380 V。

第二，空载电压是在没有焊接条件下的焊机的输出电压。普通的交流弧焊机在 60 ～ 80 V 的空载状态下工作。

第三，当焊机处于焊接状态时，工作电压是指输出电压。一般交流电弧焊设备工作电压在 20 ～ 40 V 之间。

第四，输入容量是指用千伏安的电网输入焊机的电流和电压之积来决定弧焊变压器的传输功率。

第五，电流调节范围为焊机在正常工作条件下所能提供的电流。

第六，负荷持续率是一种特殊的焊机参数，它是指弧焊电源工作持续时间与周期时间的比值。在高负荷持续率条件下，焊接设备的容许电流值较低。与此形成对比的是，在低负荷持续率条件下，可以采用更大的电流。

（b）直流弧焊机。直流弧焊机可提供直流电流，直流弧焊机可分为两类：发电机直流弧焊机和整流式直流弧焊机。

第一，发电机式直流弧焊机。该焊接设备包括三相异步电动机和一直流电弧发生器。它的特点是可以获得稳定的直流电流，所以很容易引弧，而且电弧稳定性好，焊接质量好。但是其结构较复杂、成本较高、维护难度大、使用时噪声较大。图 5-6 显示了该焊接设备的结构。

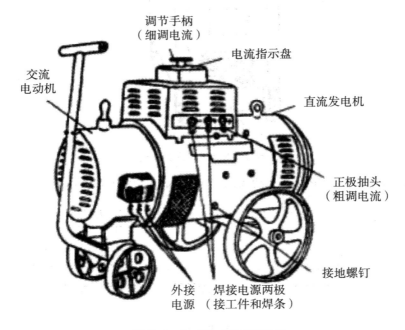

图 5-6　发电机式直流弧焊机

第二，整流式直流弧焊机。其用大功率的硅整流元件组成整流器，将交流电转变成直流电，供焊接时使用。与发电机式直流弧焊机相比，整流式直流弧焊机没有旋转部分、结构简单、维修方便、噪音小，是一种较好的焊接电源。整流式直流弧焊机的外形如图 5-7 所示。

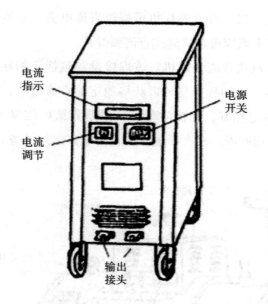

图 5-7　整流式直流弧焊机

c. 焊条。焊条由焊芯和药皮两部分组成，如图 5-8 所示。

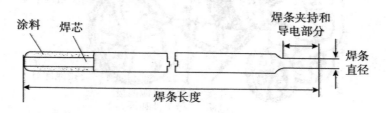

图 5-8　焊条

焊芯主要起传导电流和填补焊缝金属的作用，它的化学成分和非金属杂质的含量将直接影响焊缝质量。因此，焊芯的钢材都是经过专门冶炼的，其钢号和化学成分应符合国家标准。焊条钢芯具有较低的含碳量和一定含锰量，且其硅含量控制较严，有害元素磷、硫的含量低。若牌号后面加"高（A）"字，其磷、硫含量控制更严，不超过 0.03%。焊条直径为 0.4 ～ 9 mm，其中直径为 3 ～ 5 mm 的焊条应用最普遍。焊条长度为 300 ～ 450 mm。

药皮在焊接过程中的主要作用：提高焊接电弧的稳定性，以保证焊接过程正常进行；造气、造渣，以防止空气侵入熔滴和熔池；对焊缝金属脱氧、脱硫和脱磷；向焊缝金属渗入合金元素，以提高焊缝金属的力学性能。

药皮的组成比较复杂，每种焊条的药皮配方中，一般包括 7 ～ 9 种原料。药皮原料的种类、名称和作用如表 5-1 所示。

表5-1　药皮原料的种类、名称及作用

原料种类	原料名称	原料作用
稳弧剂	碳酸钾、碳酸钠、长石、大理石、钛白粉、钠水玻璃、钾水玻璃等	改善引弧性和提高电弧稳定性
造渣剂	大理石、萤石、菱苦土、长石、花岗石、钛铁矿、锰矿、赤铁矿、钛白粉、金红石等	保护焊缝和改善焊缝形成
合金剂	锰铁、硅铁、钛铁、钼铁、铬铁、钒铁、钨铁等	使焊缝金属得到必要的合金成分
脱氧剂	锰铁、硅铁、钛铁、铝铁、石墨、木炭等	对熔渣和焊缝金属脱氧
造气剂	淀粉、木屑、纤维素、大理石等	加强对焊接区保护，有利于熔滴过渡
黏结剂	钾水玻璃、钠水玻璃等	使药皮牢固黏结在焊条钢芯上
增塑剂	云母、白弧、高岭土、钛白粉等	改善涂料塑性和滑性，使之容易压制
稀渣剂	萤石、长石、钛铁粉、钛白粉、锰矿等	降低熔渣黏度，增加流动性

焊条按用途不同分为若干类，如碳钢焊条、低合金焊条、不锈钢焊条、堆焊焊条、铸铁及有色金属焊条等。《碳钢焊条》（GB/T 5117—1995）规定的碳钢焊条型号以字母"E"加四位数字组成，如 E4303。其中"E"表示焊条，前面两位数字"43"表示熔敷金属抗拉强度最小值为 420 MPa（43 kgf/mm²），第三位数字"0"表示焊条适合全位置焊接，第三、四位数字组合"03"表示药皮为钛钙型和焊接电流交直流正、反接。此外，目前仍保留着焊条行业使用的焊条牌号，如 J422 等。"J"表示结构钢焊条，前面两位数字"42"表示熔敷金属抗拉强度最低值为

420 MPa，第三位数字"2"表示药皮类型为钛钙型和焊接电流交直流正、反接。

几种常见碳钢焊条的型号、牌号及用途如表 5-2 所示。

表5-2　几种常见碳钢焊条的型号、牌号及用途

型号	牌号	药皮类型	焊接电源	主要用途	焊接位置
E4303	J422	钛钙型	交流或直流正、反接	焊接低碳钢结构	全位置焊接
E4320	J424	氧化铁型	交流或直流正、反接	焊接低碳钢结构	平焊、水平角焊
E5016	J506	低氢钾型	交流或直流反接	焊接低碳钢结构或中碳钢结构	全位置焊接
E5015	J507	低氢钠型	直流反接	焊接重要低碳钢结构或中碳钢结构	全位置焊接

根据焊条熔渣化学性质的不同，焊条分酸性和碱性焊条。药皮中含有多量酸性氧化物的焊条，熔渣呈酸性，称为酸性焊条，如 E4303（J422）型焊条；药皮中含有多量碱性氧化物的焊条，熔渣呈碱性，称为碱性焊条，如 E5015（J507）焊条。碱性焊条焊接电流能交直流两用，焊接工艺性好，但焊缝金属冲击韧性较差，适合焊接重要结构工件。

d. 手工电弧焊焊接工艺。

（a）接头形式和坡口形式。

常见焊接接头形式有对接接头、搭接接头、角接接头和丁字接头等，如图 5-9 所示。

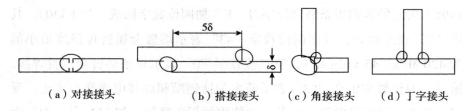

（a）对接接头　　（b）搭接接头　　（c）角接接头　　（d）丁字接头

图 5-9　常见焊接接头形式

为了保证焊接强度，焊接接头处必须熔透。工件较薄时，电弧的热量足以从一面或两面熔透整个板厚，板边可不做任何加工，只要在接口处留一定间隙，就能保证熔透。厚度大于 6 mm 的工件，从两面焊也难以保证熔透时，就要将接口边缘加工成斜坡，构成"坡口"。开坡口的目的是使焊条能伸入接头底部起弧焊接，以保证熔透。为防止接头烧穿，坡口的根部要留 2 ～ 3 mm 的直边，称为"钝边"。对很厚的工件，可双面开坡口。对接接头常用的坡口形式如图 5-10 所示。

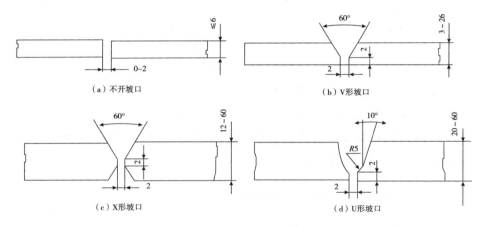

（a）不开坡口　　　　　　　　　　（b）V 形坡口

（c）X 形坡口　　　　　　　　　　（d）U 形坡口

图 5-10　对接接头的坡口形式

焊接时，X 形坡口必须双面施焊，其他形状的坡口根据实际情况，可采用单面焊，也可采用双面焊。

一条焊缝的形成，可以是在空间不同位置施焊的结果。生产中要尽量选取合适的焊接位置，以达到方便操作、提高生产率和容易保证焊缝质量的目的。如图 5-11 是对接接头和角接接头的各种焊接位置。由图可以看出，平焊位置最有利于操作、焊缝质量也易于保证。立焊与仰焊时因熔池金属有滴落的趋势，操作难度大、生产率低、质量也不易保证，所以焊缝应尽可能安排在平焊位置施焊。

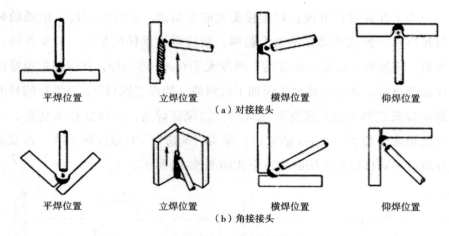

平焊位置　　　　立焊位置　　　　横焊位置　　　　仰焊位置
（a）对接接头

平焊位置　　　　立焊位置　　　　横焊位置　　　　仰焊位置
（b）角接接头

图 5-11　焊接位置

（b）焊接规范。焊接规范是指焊条直径、焊接电流、焊接速度等工艺参数。选择合适的焊接规范，是获得优质焊接接头的基本保证。

选择焊接规范时，首先应根据工件厚度选取焊条直径，焊条直径可按表 5-3 中的推荐值进行选择。

表5-3　工件厚度与焊条直径选择

工件厚度 /mm	≤ 1.5	2	3	4 ~ 5	6 ~ 12	≥ 13
焊条直径 /mm	1.5	3	3.2	3.2 ~ 4	4 ~ 5	5 ~ 6

其次根据焊条直径选择焊接电流。在焊接低碳钢时，焊接电流和焊条直径之间的关系由下面的经验公式确定：

$$I=Kd \tag{5-1}$$

式中：I 为焊接电流；d 为焊条直径；K 为经验系数，通常取 35 ~ 55。

必须指出的是，上式只是给出了焊接电流的大致范围。而在实际焊接的时候，还要根据工件厚度、焊条种类、焊接位置等因素，通过试焊来调整焊接电流的大小。

最后选择焊接速度。焊接速度指焊条沿焊接方向移动的速度，焊接速度的快慢一般由焊工凭经验确定。

（c）手工电弧焊基本操作技术。手工电弧焊的引弧和堆平焊波是基本的操作技能。

引弧就是开始焊接时使焊条和工件间产生稳定的电弧。引弧时先是焊条末端和工件表面接触形成短路，然后迅速将焊条向上提起 2 ～ 4 mm 的距离，即可引燃电弧。引弧方法有敲击法和摩擦法两种，如图 5-12 所示。

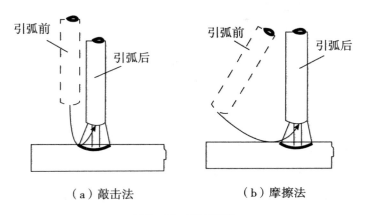

（a）敲击法　　　　　　　　（b）摩擦法

图 5-12　引弧方法

堆平焊波是手工电弧焊的基本操作技能之一，其关键是掌握好焊条与工件的角度及运条基本动作，保持合适的电弧长度和均匀的焊接速度。平焊的焊条角度和运条基本动作如图 5-13 和图 5-14 所示。

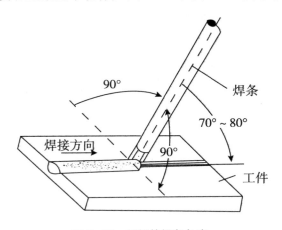

图 5-13　平焊的焊条角度

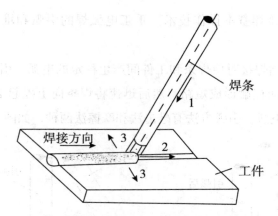

1—向下送进；2—沿焊接方向移动；3—横向摆动。

图 5-14　平焊的运条基本动作

②自动埋弧焊。为了提高生产率和焊接质量，改善工作环境，应使焊接工艺朝着机械化、自动化方向发展。

自动埋弧焊是一种基于手工电焊弧焊的自动化焊接技术。在自动埋弧焊中，用连续进料的焊丝取代了手工电弧焊的焊条，用焊剂替代了焊条的药皮，使焊丝的进料和在焊接方向上的运动都是由焊机实现的。

在焊接过程中，机头会自动把光焊丝送到电弧区，并确保所选择的弧长。在颗粒状的焊剂下方，电弧燃烧，并带动焊丝自动、均匀前进。在焊丝的前端，焊剂不断从漏斗中溢出，洒到工件表面。在焊接过程中，局部焊料熔化，形成焊渣。

图 5-15 为自动埋弧焊过程示意图。电弧点燃后，工件的金属与焊丝熔化，并因电弧的作用产生大的熔池；熔池中的金属通过电弧气体的挤压形成焊缝。微粒状的焊料在电弧附近熔化为焊渣，其与熔池中的金属发生了良好的物理和化学反应。同时，由于焊料和金属蒸汽的作用，将电弧附近的焊渣排出，形成密闭的空间，从而将电弧和熔池与外界的空气隔离；它不仅可以保护熔池金属，还可以防止弧光的泄露，降低电弧的热量损耗。另外，大多数焊料是不能完全熔化的，可以再利用。

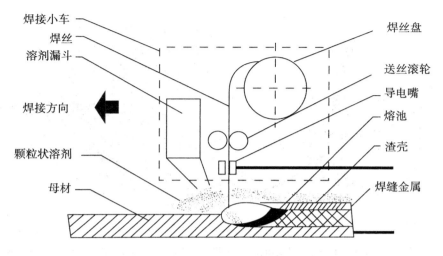

图 5-15 自动埋弧焊过程示意图

　　由以上自动埋弧焊过程可知，焊丝和焊剂是自动埋弧焊不可缺少的焊接材料，是决定焊缝金属化学成分和性能的主要因素，必须正确选用。

　　自动埋弧焊焊剂按制造方法可分为熔炼焊剂和陶质焊剂两大类。熔炼焊剂将原材料配好后，在炉中熔炼而成。熔炼焊剂呈玻璃状、颗粒强度高，化学成分均匀，不吸收水分，适于大量生产。按化学成分可将其分为高锰、中锰、低锰、无锰几类。陶质焊剂为非熔炼焊剂，是将铁矿石、铁合金及黏结剂按一定比例配制且做成颗粒状，经 300 ～ 400℃干燥固结而成的。这类焊剂易于向焊缝金属补充或添加合金元素。但颗粒强度较低，容易吸潮。

　　自动埋弧焊的基本设备是自动埋弧焊机。它由焊接电源、控制箱和焊接小车三部分组成，如图 5-16 所示。

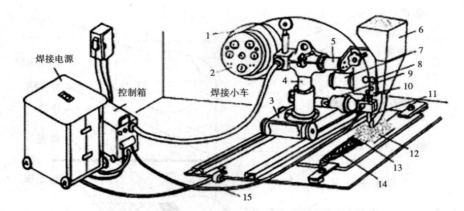

1—焊丝盘；2—操纵盘；3—车架；4—立柱；5—横梁；6—焊剂漏斗；7—焊丝送进电

机；8—送丝滚轮；9—小车电动机；10—机头；11—导电嘴；12—焊剂；13—渣壳；

14—焊缝；15—焊接电缆。

图5-16 自动埋弧焊机

焊接电源可采用交流或直流供电，交流电源采用特殊的弧焊变压器，直流电源采用大功率直流焊机。电源输出导线与焊机上的导流口连接。

在控制箱中安装了各种电子部件，用于控制和调整焊接要求。

焊接小车由机头、操纵盘、焊丝盘、焊剂漏斗、焊丝送进电机等部件构成，由立柱、横梁将焊接部件连接在一起。

在工作台上安装了的减速器，使焊接小车沿着轨道运动。在机头安装小车电动机、减速机构、送丝滚轮、导电嘴等，可围绕横杆或立柱旋转，调整线端的方位。

控制面板配有电流表、电压表、电弧电压调节器、各种控制开关、按键等。通过控制面板，可以选择焊接电流、电弧电压、焊接速度，从而调节焊丝的上下位置。在焊接时，可以根据需要调整各种焊接工艺参数。

自动埋弧焊接较手工电弧焊接具有如下优势。

a.有高效率。在焊接过程中，由于减少了焊条的更换周期，因此，它的效率要高于手工电弧焊（大约是手工电弧焊的 5 ～ 8 倍）。

b. 有高品质和高稳定性。自动埋弧焊有严格的保护，熔池在液体中停留的时间更长，冶炼工艺更全面，再加上焊接工艺的自动调节，因此，焊接品质更高，性能更稳定。

c. 可以节约金属材料。自动埋弧焊具有高热、高熔深，厚度小于 20 ～ 25 mm 的工件可以不开槽缝直接进行焊接，且无焊条头浪费、金属飞溅少，因此可有效节约金属材料。

d. 可以改善工作环境。自动焊因其电弧不会泄漏，且在焊接过程中烟尘较小，操作人员仅需要操作和管理焊机即可，因而大大改善了工作环境。

由于其以上优势，自动埋弧焊已被广泛用于实际工程中。这种方法一般适用于直长型和大口径的环焊缝，特别适用于大型工件的直缝和环缝。

自动埋弧焊也有缺点，例如，设备成本高、工序准备复杂、对焊缝的加工和组装有很高的要求，而且不能很好地适应于水平位置。

③气体保护焊。采用氩气、二氧化碳等气体将焊接过程中的气体与气体隔离，从而得到高品质的焊接。目前常用的气体保护焊有氩弧焊和二氧化碳保护焊两种。

a. 氩弧焊。氩弧焊是以氩气为保护气体的电弧焊。氩气是一种惰性气体，用氩气作保护气体，焊接时其不与金属起化学反应，也不溶于金属液，另外，氩气的导热系数很小，它又是单原子气体，高温时不分解，所以电弧在氩气中燃烧时热量损失少、燃烧稳定，这些都为获得高质量的焊缝提供了良好条件。

氩弧焊根据所用的电极不同可分为不熔化极氩弧焊和熔化极氩弧焊（见图 5-17）。

声发射无损检测技术在钢结构焊缝检测中的实践应用研究

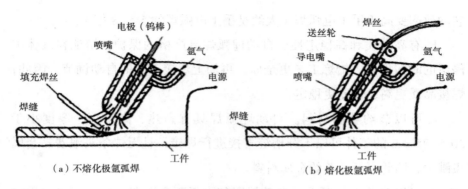

图 5-17　氩弧焊示意图

（a）不熔化极氩弧焊。不熔化极氩弧焊将钨棒或铈钨棒作为电极，故又称为钨极氩弧焊。焊接时，电极不熔化，只起导电与产生电弧的作用。因电极通过的电流有限，所以只适用于焊接厚度在 6 mm 以下的工件。钨极氩弧焊又可分为手工钨极氩弧焊和自动钨极氩弧焊。手工钨极氩弧焊由于操作方便，应用较广泛。

手工钨极氩弧焊的操作与气焊相似，在焊 3 mm 以下厚度的薄件时，通常不外加填充金属，而采用弯边接头直接熔合；焊接厚工件时，需用手工填充金属丝。

手工钨极氩弧焊机结构如图 5-18 所示，它主要由焊接电源、焊炬、供气及供水系统、控制箱等几部分组成。若是自动钨极氩弧焊机，除上述设备外，还应包括小车行走机构及焊丝送进装置，其结构与一般自动焊机基本相同。

自动钨极氩弧焊是一种电弧焊技术，其工作原理是通过非消耗性钨电极与工件之间的电弧产生高热量，使金属熔化，从而实现焊接。在此过程中，氩气作为惰性气体被用来保护电弧区和焊缝，以防止氧化和杂质的侵入。

自动钨极氩弧焊相较于手工钨极氩弧焊具有以下特点。

（1）高度自动化：自动化焊接设备能精确地控制焊接参数，如焊接速度、焊接电流和氩气保护等。这种精确控制有助于提高焊接质量和一致性。

（2）生产效率高：自动钨极氩弧焊可以大幅提高生产效率，降低生产成本，特别适合批量生产中的焊接工作。

（3）焊接质量高：自动钨极氩弧焊具有更高的焊接质量，可以减少焊接变形和气孔等缺陷，可以实现对焊缝外观的精确控制，从而达到美观的焊缝外观。

（4）应用广泛：自动钨极氩弧焊可广泛应用于各种金属材料的焊接，如钢、铝、钛、不锈钢等。此外，它还适用于高纯度和高强度的材料焊接，如航空航天、核工业、半导体制造等行业中材料的焊接。

（5）安全性高：由于自动钨极氩弧焊机的操作相对简单，操作人员不必亲自接触高温焊接区域，从而降低了职业风险。

然而，自动钨极氩弧焊也存在一些局限性，例如设备成本较高、对工件的制备和定位要求较高等。尽管如此，在许多领域中，自动钨极氩弧焊仍被认为是实现高质量、高效率焊接的理想选择。

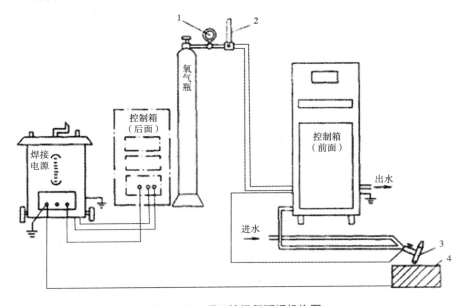

图 5-18　手工钨极氩弧焊机构图

（b）熔化极氩弧焊。熔化极氩弧焊以连续送进的焊丝为电极，因而可以采用大电流，其母材熔深大，焊丝熔化速度快，劳动生产率高，可以焊接厚度大的工件。熔化极氩弧焊分为自动与半自动两种形式，前者与自动埋弧焊相似，后者送丝与保证弧长是自动的，但由焊工手持焊枪进行操作，因而可实现多种位置的焊接。

氩弧焊的主要特点如下。

（a）由于它以情性气体间保护，所以适宜焊接各种合金钢、易氧化的有色金属及稀有金属。

（b）电弧在气流压缩下燃烧，热量集中，熔池小，焊接速度快，焊接热影响区较窄，工件焊接变形小。

（c）电弧稳定，飞溅小，焊缝致密，表面没有熔渣，成形美观。

（d）明弧可见，操作方便，易于实现自动化。

目前氩弧焊主要用于焊接铝及铝合金、钛合金，以及不锈钢、耐热钢和某些重要的低合金结构钢。

b.二氧化碳保护焊。二氧化碳保护焊是以二氧化碳为保护气体的电弧焊方法。它以焊丝作电极，靠焊丝和工件间产生的电弧使工件及焊丝熔化形成焊缝。二氧化碳保护焊有自动焊和半自动焊两种方式，由于半自动焊操作方便，使用更为广泛。

二氧化碳保护焊装置如图 5-19 所示，它主要由电源控制箱、焊枪、送丝机构、供气系统和控制电路等部分组成。

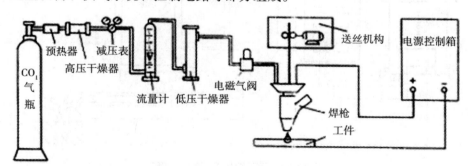

图 5-19　二氧化碳保护焊装置示意图

二氧化碳是氧化性气体，在电弧高温下能分解为一氧化碳和氧气，使钢中的碳、硅、锰等合金元素烧损。为了保证焊缝中合金元素的含量，必须采用含锰、硅量较高的焊丝。例如，焊接低碳钢常用 H08MnSiA 焊丝，焊接低合金结构钢则常用 H08Mn2SiA 焊丝。

二氧化碳保护焊的主要特点如下。

（a）成本低。其焊接成本仅为自动埋弧焊和手工电弧焊的 40% 左右。

（b）生产率高。其生产率比手工电弧焊高 1 ～ 3 倍。

（c）操作性能好。二氧化碳保护焊明弧焊接，过程可清楚地观察到，容易发现问题并及时调整，可实现多种位置的焊接。

（d）焊接质量较好。焊接热影响区较小，焊接变形和产生裂纹的倾向小，特别适宜薄板焊接。

二氧化碳保护焊主要用于低碳钢和低合金结构钢的焊接，在船舶、机车车辆、农业机械等制造中获得了广泛应用。

（2）电阻焊。电阻焊是利用电流通过焊件时在接触面所产生的电阻热，将焊件局部加热到塑性或熔化状态，并在压力下形成接头的焊接方法。

与其他焊接方法相比，电阻焊具有焊接电压低（1 ～ 12 V）、焊接电流大（几千安培至几万安培）、完成接头时间短（百分之一秒至几秒）、生产率高、焊接变形小、不需要填充金属、易于实现机械化等特点。

电阻焊分为点焊、缝焊、对焊三种形式。

①点焊。点焊是利用柱状电极加压通电，在搭接工件接触面之间形成不连续焊点的一种焊接方法。

点焊焊接过程如图 5-20 所示，其主要过程如下。

a. 清理工件表面，装配后送入上、下电极间，加压使接触良好（图 5-20（a））；

b. 通电，使工件在电极间部分受热并局部熔化形成熔核（图 5-20（b））；

c.断电后保持压力，使熔核在压力下冷却凝固，形成焊点（图 5-20
（c））；

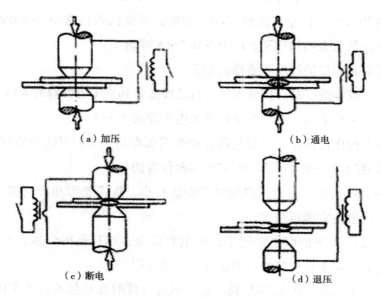

（a）加压　　　　　　　　　　　　（b）通电

（c）断电　　　　　　　　　　　　（d）退压

图 5-20　点焊焊接过程

点焊在焊完一个点后，进行下个点焊接时，有一部分电流会流经已
焊好的焊点，即存在分流现象。分流将使焊接处电流减小，会影响焊接
质量，因此相邻两个焊点间应保持一定距离。工件厚度越大，材料导电
性越好，分流现象越严重，点距应适当加大。不同材料及不同厚度工件
焊点间最小距离不同。

影响点焊质量的主要因素有焊接电流、通电时间、电极压力、焊件
表面状态等。

焊接电流和通电时间的选取与工件材料有很大关系，在焊接铝合金、
奥氏体不锈钢、低碳钢等材料时，一般选用大焊接电流和较短的通电时
间，生产上称为硬规范点焊；而在焊接低合金钢、可淬硬钢、耐热合金、
钛合金等材料时，选用较小的焊接电流和较长的通电时间，生产上称为
软规范点焊。

电极压力应保证工件紧密接触顺利通电，工件越厚，材料高温强度值越大，电极压力也应该加大。但压力过大将使接触区面积增大，总电阻和电流密度减小，焊接区热量损失增加，进而使焊点变小，甚至焊不透，因此电极压力选择要适当。

焊件表面状态对点焊质量有直接影响，焊件表面的氧化膜、油污等会使焊件间电阻显著增大，甚至会造成局部不导电，使焊接过程不稳定。因此，焊前必须对焊件进行酸洗、喷砂等处理。

点焊在汽车、飞机、仪表制造等部门均获得了广泛应用。

②缝焊。缝焊过程与点焊相似，只是用旋转的滚轮电极代替柱状电极，滚轮电极压紧焊件并转动，同时带动焊件向前移动，配合断续通电，即形成连续的焊缝。缝焊过程如图 5-21 所示。

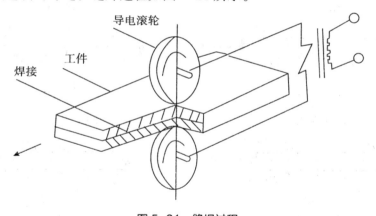

图 5-21　缝焊过程

缝焊时焊点相互重叠 50% 以上，密封性好，所以缝焊主要用于制造有密封性要求的薄壁结构，如油箱、容器、管道等。

缝焊由于分流现象严重，焊接相同厚度的工件，缝焊时的电流约比点焊时高 15% ～ 40%。因此，缝焊通常只用于焊接 3 mm 以下的薄板。

③对焊。对焊时工件整个端面接触，由于接触处电阻较大，通以较大电流后，接头处温度迅速升高，当端面附近工件进入塑性状态时，再施加较大的轴向压力，使整个断面连接成一个整体。

对焊可分为电阻对焊和闪光对焊，对焊的焊接过程如图 5-22 所示。

电阻对焊过程如图 5-22（a）所示，操作的关键在于控制加热温度和顶锻速度。当工件接触面附近加热到预定温度后，立即断电，同时施加顶锻力。若加热温度不够高，顶锻不及时或顶锻力太小，焊接接头就不牢固。若加热温度太高，会产生过烧现象，使接头强度降低。若顶锻力太大，则有开裂的危险。

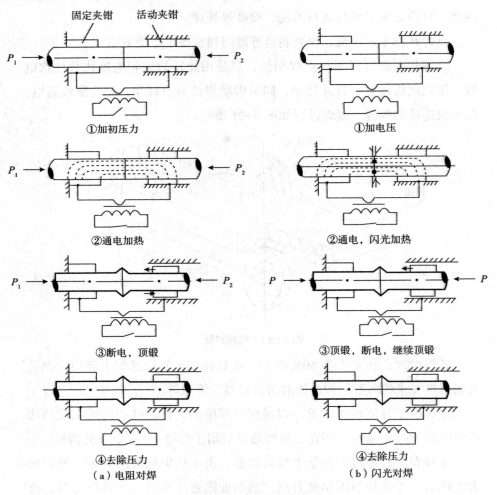

图 5-22　对焊的焊接过程

电阻对焊工艺简单，但是接头的质量不高，所以在焊之前要把焊件的接触面整平，仔细清理，以免引起加热不均或杂质夹杂在焊缝中，从而影响焊接质量。电阻对焊主要用来焊接直径在 20 mm 以下的工件，或者对强度要求不高的工件。

如图 5-22（b）所示的闪光对焊过程：在对工件表面进行轻微清理之后，由于工件的端部表面不平整，所以给其上了电源，并且逐渐地与工件进行接触。在电磁场的作用下，液态金属会爆炸并以火星的方式从接触点上喷出，从而形成闪光。这时候要连续给料，并维持一段闪光时间，当焊件表面的金属完全熔化后，立即对其施加压力，切断电流，这样可形成坚固的焊接接头。

在闪光对焊中，部分氧化物和杂质随着闪光火花飞出，另一些在最终压力下随着液体金属被挤压出来，所以焊接质量比电阻对焊要好。

闪光对焊可以焊接同种金属，也可以焊接铝、钢、铝、铜、高速钢、碳素钢等。

（3）气焊和气割。

①气焊。气焊是一种通过在可燃或易燃气体中产生的高温火焰来熔化母材和填充金属的焊接方法。

作为气焊常用的可燃气体是乙炔，将氧气作为辅助气体，可以达到 3 100 ～ 3 300℃的火焰。

由于气焊的温度低于电弧，所以只能用于焊接薄钢板、铸铁以及铜、铝等有色金属。

气焊装置包含乙炔发生器（或炔瓶）、回火防止器、氧气瓶、减压阀与焊枪，它们由管子相连构成一个焊接体系。

乙炔发生器是制造和储存乙炔的设备。图 5-23 是通常使用的中压排泄型乙炔发生器。在使用过程中，在发电机中加入适量水。将装有电石的电石篮倒入内筒，与水发生反应，生成乙炔，由回火保护装置将其引导至焊枪。在发电机中储存大量的乙炔，使其不会再产生乙炔。在乙炔发生器的上方安装了一层防爆膜，当罐内的乙炔压力太大时，防爆膜会自动爆裂，从而避免乙炔发生爆炸。由于乙炔是一种易燃、易爆气体，因此，在与焊点保持一定的距离处理，严禁敲击、碰撞和明火靠近。

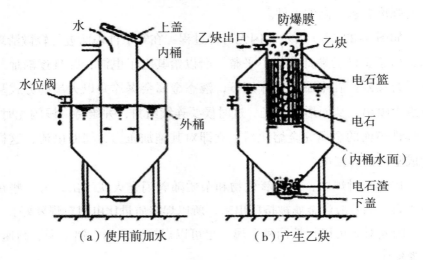

图 5-23　中压排泄型乙炔发生器示意图

正常焊接时，火焰在焊枪的喷嘴外面燃烧，但当发生气体供应不足或管路、喷嘴阻塞等情况时，火焰会沿乙炔管路向里燃烧，这种现象称为回火。如果回火现象蔓延到乙炔发生器，就可能引起爆炸事故。回火防止器的作用就是截住回火气体，保证乙炔发生器的安全。

中压水封式回火防止器使用前将水位加到水位阀高度，正常工作时，乙炔推开下部的球阀，从上部出口通往焊炬。回火时，高温高压的圆大气体从出气管倒流入回火防止气体排入大气。

氧气瓶是运送和贮存高压氧气的容器，氧气瓶外表规定漆成天蓝色，并标有"氧气"字样。

由于瓶内氧气压力高达 14.7 MPa（150 at），如果使用、保管不当有爆炸的危险。因此，氧气瓶使用时要放置平稳，远离火源，不和其他气瓶混杂放置，严禁撞击，严禁油脂，夏天防止阳光曝晒。

气焊时，供焊枪的氧气压力通常只需 0.2 ～ 0.4 MPa（约 2 ～ 4 at），所以氧气瓶输出的高压氧气必须经减压后才能使用。氧气的减压是通过减压器来实现的，减压器的结构和工作原理如图 5-24 所示。

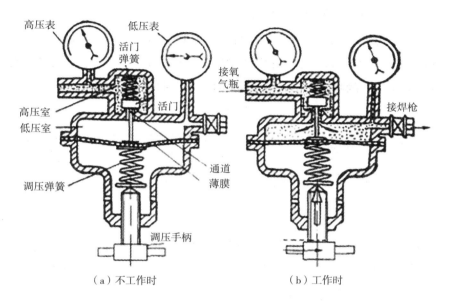

图 5-24　减压器的结构和工作原理示意图

当减压器不工作时，调压弹簧处于松弛状态，通过阀片弹簧按压进气阀片，使通路闭合，压力气体无法进入低压腔。

为了使减压器正常工作，可以将调压手柄顺时针旋转，压紧调压弹簧，将吸气阀打开，高压气体进入低压室。当气压较低时，膜片和调压弹簧受到的压力会增加，从而导致阀片的开启程度降低。在低压室中的气压达到预先确定的数值时，阀门关闭，用低压表来表示减压后的气压（图 5-24（b））。通过调压手柄的旋转，可以调节低压室内的气压。

在焊接过程中，由于气体的输出，低压室内的氧压下降，这时，在调压弹簧的作用下，膜片被鼓起，再次打开。氧从高压室进入低压室，以对气体的输出进行补充。在阀门打开程度达到高压氧和出口低压氧流量相同的情况下，就可以进入稳定运行状态。随着出口气体流量的增加或减少，阀门的开启程度也随之增加或减少，从而使输出压力达到了稳定的状态。

焊枪，其功能是将氧气和乙炔充分混合，并调整混合比例，从而达到稳定的火焰，满足焊接的需要。

焊枪的外型见图 5-25。将焊枪内的氧气和乙炔阀门开启，两种气体进入混合管中混合均匀，由喷嘴喷出后点燃。每一种类型的喷枪都配有一组不同尺寸的喷嘴，以便在焊接不同的工件时进行更换。

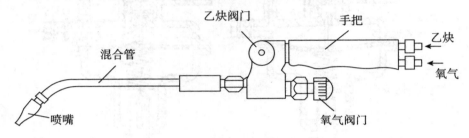

图 5-25　焊枪

气焊喷嘴通过改变氧气与乙炔的比值，可以得到三种不同的气体火焰：中性焰、碳化焰、氧化焰。

a. 中性焰。在氧气和乙炔的比例为 1.0 ～ 1.2 时，发生了中性焰。中性焰由焰心、内焰、外焰三种成分构成，内焰的温度在 3 000 ～ 3 200℃之间。

b. 碳化焰。在氧气和乙炔的比例低于 1.0 时，发生了碳化焰。碳化焰比中性焰长，但因氧含量低，燃烧不彻底；最高温度在 3 000 ℃以下。碳化焰焊接时，焊缝金属会产生碳化，通常仅适用于高碳钢、铸铁等材料的焊接。

c. 氧化焰。在氧气和乙炔的比例大于 1.2 时，发生了氧化焰。因氧含量高，燃烧强度大于中性焰，燃烧时间短，温度高于中性焰，温度可以达到 3 100 ～ 3 300℃。氧化焰是焊接金属的一种氧化剂，通常是不能使用的，但是可以使用氧化焰进行焊接。

基础气焊包括点火、控制火焰和扑灭火焰，以及扁平焊接。

a.点火、控制火焰和扑灭火焰。点火时，先开启氧气阀门，再打开乙炔阀门，然后点火。初期为碳化焰，在氧气阀门打开后，可以调节成中性焰或氧化焰。火扑灭时，必须先把乙炔阀门关掉，再把氧气阀们关掉。

b.扁平焊接。气焊时，左手持线、右手持枪。双手配合，沿着焊缝左右焊接。

为了正确地把握焊枪和工件之间的角度 α（图 5-26），工件越厚，角度越大。一般的焊接温度为 30 ～ 50 ℃。在焊接完成后，α 应该适当地减小，以便填充熔池，防止烧蚀。

喷嘴前进的速度必须确保工件熔化，并且使熔池保持一定的尺寸。将工件熔化成熔池，然后在熔池中注入焊丝进行熔化。

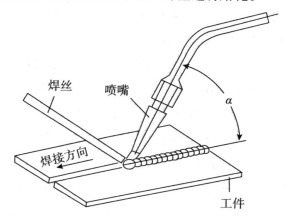

图 5-26　焊枪和工件之间的角度示意图

②气割。

a.气割的原理与过程。气割所用的气体和供气设备与气焊的完全相同，但割炬的结构与焊枪不同、气割的原理与气焊也完全不同。

割炬外形如图 5-27 所示。它比焊枪多一根切割氧气管及切割氧气阀门。割嘴的出口处有两条通道，周围一圈为乙炔和氧气的混合气体出口，中间通道为切割氧气出口，两者互不相通。

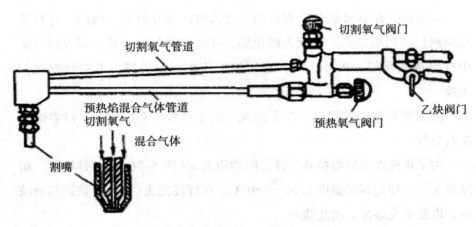

图 5-27 割炬

气割是基于诸如铁之类的特定金属在氧气流中的燃烧（也就是强烈的氧化）实现切割的方法。切断程序：打开割炬上的氧气和乙炔阀门，点火预热，将其设定为中性。先将工件割口的起始端加热至较高温度，再开启氧气阀门，氧气对高温金属进行强烈的氧化，同时将产生的氧化剂与氧一起排出。在预热的火焰中，金属的高温会将附近的金属加热到一定的温度，然后割嘴沿着切割线以一定的速度运动，就会形成切口。

b.气割的物料需求。不是所有的工程金属材料都可以进行气割，只有以下几种金属材料可以进行气割。

（a）切割物料的可燃点应该比它的熔点低，如果金属在燃烧之前已经熔化，那么它就不可能有很好的切口。随着含碳量的增加，钢熔点下降，达到 0.7% 时，其熔点已经接近于可燃点，因此，无论是高碳钢还是铸铁，均不宜采用气割。

（b）燃烧后所生成的金属氧化物的熔点应该比金属自身的熔点低，这样，在火焰中所生成的氧化物在空气中以液体形式被吹散，而切口处的金属还没有熔化。氧化铝或不锈钢的熔点均比金属材料的熔点高，不易熔渣的外壳会妨碍切削，从而难以切削。

（c）金属在燃烧时，会释放大量的热量，而金属的热传导率较低，从而要保证切口处的金属温度高于燃点，以保证切割的持续进行。由于铜和铜合金在燃烧过程中会产生较低的热量，因此很难进行气割。

在工程金属材料中，由于低碳钢、中碳钢、低合金钢可以达到以上要求，所以可以进行气割。而高碳钢、铸铁、高合金钢、铜、铝等有色金属和它们的合金，由于这些要求不能满足，所以很难进行气割。

（4）其他焊接方法。

①等离子弧焊。等离子弧有别于普通电弧，普通电弧不受外部的限制，叫作自由电弧，在电弧区，气体还没有完全电离；等离子弧内的气体完全电离，且能量高度集中，因此等离子弧的温度远远高于自由电弧。

等离子弧焊采用专用的焊机和焊枪，其结构特征是在电浆电弧的四周再通一层均匀的氩气，从而防止熔池和焊缝受到大气污染。因此，等离子弧焊本质上是一种带压缩作用的气体保护焊。

等离子弧焊可以分成两类：一种是微束，另一种是大电流。微束等离子弧焊电流很小，在 0.1 ～ 30 A 之间，由于其能量密度低，电弧温度低，适用于铝箔和薄板的焊接。对于厚度超过 2.5 mm 的焊件，通常采用大电流等离子弧焊。其气流流速大，电弧挺直度大，温度高；等离子弧可以贯穿整个工件，使其具有较好的成形和平整的焊接效果。

除了有氩弧焊的优势之外，等离子弧焊还具有如下特征。

a. 等离子弧具有较高的能量密度和较好的穿透性，10 ～ 12 mm 厚的钢板可以不开槽缝，一次焊透双面成形，具有较低的应力和较高的焊接效率；

b. 在电流低至 0.1 A 时，等离子弧仍能稳定燃烧，且具有较好的挺度和方向性，因此可对极薄的箔片进行焊接。

等离子弧焊在国防、高科技领域应用广泛，如铜合金、合金钢、钨合金、钴、钼、钛等的焊接。例如，导弹外壳、波纹管和膜盒、微型继电器、航空航天用的电容器和某些薄壁容器的焊接。

等离子弧切割，不仅能使切割效率提高 1 ～ 3 倍，还能切割不锈钢、铜、铝及其合金。难熔的金属及非金属的切割面平滑，无须任何处理就能完成组装。

②激光焊。激光以其独特的单色性、良好的方向性、高的能量密度，被广泛应用于各种材料的焊接和穿孔加工。

图 5-28 是激光焊。用于焊接的激光可以分为固态激光和气态激光。在固态激光器中，通常采用的是红宝石和钕玻璃，而将一氧化碳作为气体激光器的介质。该技术激光作为光源，通过聚焦装置将激光束集中成微小光束，使其能量密度达到 10^6 W/cm^2 以上。在对焊缝进行聚焦时，将光能转化为热能，将此区域的金属熔化，从而形成焊缝。

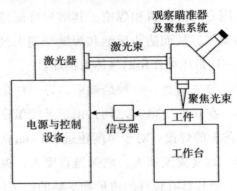

图 5-28　激光焊接示意图

按激光器的工作方式分，激光焊有脉冲激光焊和连续激光焊两种，目前脉冲激光焊应用较多。

脉冲激光焊设备的单个脉冲输出能量为 10 J 左右，脉冲持续时间一般不超过 10 ms，其主要用于 0.5 mm 以下的金属箔材或直径 0.6 mm 以下的金属线材的焊接。

连续激光焊主要使用大功率的二氧化碳气体激光器，连续输出功率达几十千瓦，能成功地焊接不锈钢、硅钢、铝、镍、钛等金属及其合金。

激光焊有以下特点。

a.焊接过程时间短，点焊过程只有几毫秒，生产率高，被焊材料不易氧化，因而可以在大气中焊接，而不需要气体保护或真空环境。

　　b. 激光束能量密度高，热量集中，作用时间短，焊接热影响区极小，焊件不易变形。

　　c. 激光束利用反射镜可在任何方向上折弯或聚焦，可用光导纤维引至难以焊接的部位。激光还可以透过透明材料进行聚焦，因此可以完成一般焊接方法无法接近的部位的焊接。

　　d. 激光焊可将异种金属材料，甚至将金属材料与非金属材料焊接在一起。

　　激光焊特别适宜焊接微型、密集排列、精密和热敏感的焊件，如集成电路内外引线的焊接，微型继电器、电容器、石英晶体管壳封焊及仪表游丝的焊接等。

　　③摩擦焊。摩擦焊是利用焊件接触端面在相对旋转中摩擦所产生的热，使端部达到塑性状态，然后迅速顶锻，形成牢固接头的一种焊接方法。

　　摩擦焊如图 5-29 所示。将两焊件夹在焊机上，预加一定压力使焊件端面紧密接触，然后焊件 1 做旋转运动，使焊件接触面相对摩擦产生热量。待工件端面被加热到高温塑性状态时，利用刹车装置使焊件 1 停止转动，并迅速在焊件 2 端面加大压力，使两焊件产生塑性变形而焊在一起。

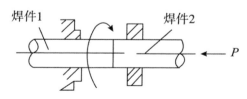

图 5-29　摩擦焊示意图

摩擦焊的特点如下。

　　a. 在摩擦过程中，焊件接触表面的氧化膜与杂质被清除，因此接头组织致密，不易产生气孔、夹渣等缺陷，接头质量好且稳定；

　　b. 可焊接材料范围广，不仅可进行同种金属焊接，也可进行不同种金属，甚至金属与非金属的焊接，如高速钢－中碳钢，铜－不锈钢、铝－钢、铝－陶瓷等的焊接；

　　c.操作简便，无须加焊接材料，容易实现自动控制，生产率高；

　　d.设备简单，能量消耗少。

　　摩擦焊接头一般是等断面的，也可以是不等断面的，但至少要有一个焊件为圆形或管状。图5-30是摩擦焊的几种接头形式。

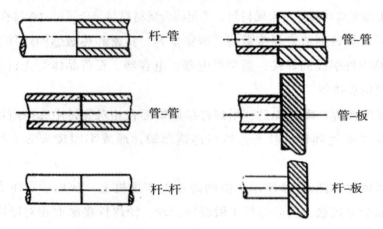

图5-30　摩擦焊的几种接头形式

　　④钎焊。钎焊是一种将熔点比焊件更低的焊料作为填料，通过对其进行加热，使其在一定的温度下熔化，而焊件保持在固体状态，当液体焊料凝固时，将被焊件结合起来的一种焊接方法。

　　钎焊的工艺：把经过清洗的零件组装起来，把钎料放到连接的空隙中，对焊件进行加热。将焊件加热至略高于钎料熔点时，钎料熔入而焊件不熔入，在固体工件之间的空隙中，以毛细管渗入的方式填满，使钎料和焊件之间的金属相互扩散、相互溶解，经压缩后，焊接接头便可成形。

　　按钎料熔点的差异，可将钎焊划分为硬、软两种类型。

　　a.硬钎焊。钎料熔点高于450 ℃，具有较高的焊接强度，通常可达到200 Mpa。采用铜基、银基、镍基等硬钎料进行硬钎焊。硬钎焊是一种常用的焊接方法。

b. 软钎焊。钎料熔点低于 450 ℃，焊接强度较差，通常低于 70 Mpa。软钎焊通常使用的是铅和锡的合金，因此也叫锡焊。软钎焊仅适用于压力较小，工作温度较低的零件，如仪表、导电元件等。

在进行钎焊的过程中，通常都需要采用熔剂来去除焊件表面的氧化膜及污物，并改善钎料与工件之间的浸润性，从而保护钎料和焊件不受氧化，以提高钎焊接头的质量。软钎料一般将松香和氯化锌溶液作为溶剂，而硬钎料一般将硼砂、硼酸和氟化物作为熔剂。气体等成分，按照钎料的不同进行选择。

钎焊加热的方式很多，有烙铁加热、火焰加热、电阻加热等；感应式加热、盐浴加热，可依钎料种类，钎料形状尺寸及质量要求而定；批量等因素的选择，要综合考量。由于烙铁加热温度比较低，所以通常仅适用于软钎焊。

钎焊的接头形式主要是板料搭接和套管嵌接，有几种常见的钎焊接头形式，如图 5-31 所示。

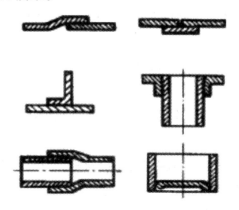

图 5-31　钎焊的接头形式

与一般熔化焊相比，钎焊的特点如下。

a. 钎焊时工件加热温度较低，因此组织、性能变化小，变形也小；

b. 钎焊可以焊接性能差异大的异种金属材料，对工件厚度没有严格限制；

c. 钎焊设备简单，生产投资费用少。但钎焊接头强度低，允许工作温度不高，这使其应用受到一定限制。钎焊不适宜焊接受重载及动载的结构件，主要用于仪表、电气元件、刀具及蜂窝结构等的焊接。

5.2 焊缝检测的要求

焊接质量是整个焊接产品或结构的基础，只有控制好焊缝的质量，才能保证焊接产品或结构的整体质量。因此，本节将主要介绍焊接质量管理的主要内容、影响焊接质量的因素和控制措施以及焊接质量的评定方法和标准，以便获得合格的焊接产品。那么怎样才能知道哪些产品焊接是合格的，哪些产品焊接是不合格的？这就需要制定焊缝检测标准，以此标准来评定焊接质量、规范焊接过程。

5.2.1 焊缝检测

焊缝检测是焊接工艺的重要环节，其目的是确保焊接质量符合行业标准和相关规定。本节将从以下几个方面详细介绍焊缝检测。

1. 焊缝检测的意义

（1）确保焊接质量：检测焊缝中的缺陷，可以判断焊接质量是否符合设计要求。

（2）评估焊接工艺：检测结果可用于优化焊接工艺，提高生产效率和产品质量。

（3）防止事故发生：检测焊缝中的缺陷，及时发现潜在问题，可以避免可能引发事故的风险。

2. 焊缝检测的分类

焊缝检测分为无损检测和破坏性检测两大类。

（1）无损检测：在不影响焊接结构的情况下进行检测。无损检测主要包括射线检测、超声波检测、磁粉检测、涡流检测等。

（2）破坏性检测：需对焊接结构进行破坏性操作，以检测焊缝的性能。破坏性检测主要包括拉伸试验、弯曲试验、冲击试验等。

3. 焊缝检测的方法及标准

（1）射线检测：利用 X 射线或 γ 射线穿透焊缝，检测缺陷。相关标准包括 ISO 17636、ASTM E94、ASME B31.1 等。

（2）超声波检测：利用超声波在焊缝中的传播特性，检测内部缺陷。相关标准包括 ISO 16810、ASTM E164、ASME B31.3 等。

（3）磁粉检测：利用焊缝中的磁场变化，检测表面及近表面缺陷。相关标准包括 ISO 17638、ASTM E709、ASME B31.4 等。

（4）涡流检测：利用电磁感应原理，检测焊缝表面及近表面缺陷。相关标准包括 ISO 15549、ASTM E426、ASME B31.8 等。

（5）拉伸试验：对焊缝进行拉伸，以测定焊缝的强度和延伸率。相关标准包括 ISO 4136、ASTM E8、GB/T 228.1 等。

（6）弯曲试验：通过弯曲焊缝，评估其延展性、韧性和裂纹敏感性。相关标准包括 ISO 5173、ASTM E190、GB/T 232 等。

（7）冲击试验：测量焊缝在冲击载荷下的能量吸收能力，评估其韧性。相关标准包括 ISO 148–1、ASTM E23、GB/T 229 等。

（8）宏观和微观检测：通过金相分析、扫描电镜等手段，观察焊缝的组织结构，评估其性能。相关标准包括 ISO 17639、ASTM E384、GB/T 13298 等。

4. 焊缝检测的程序和准备工作

（1）检测方案：根据焊接产品的类型、结构、应用领域和检测要求，制定详细的检测方案。

（2）检测设备与人员：选用符合标准要求的检测设备，并安排经过培训、具备相应资质的检测人员。

（3）检测前准备：对检测设备进行校准和维护，以确保检测数据的准确性；对被检测焊缝进行表面清洁、去除锈蚀等处理，以提高检测效果。

5. 焊缝检测的评估和处理

（1）缺陷评估：根据检测结果，评估焊缝中的缺陷类型、大小、位置等信息。

（2）结果判断：依据相应的检测标准，判断焊缝质量是否合格。

（3）缺陷处理：对不合格焊缝进行返修、再检或报废处理，以确保产品质量。

6. 焊缝检测的记录与报告

（1）记录检测数据：详细记录焊缝检测的设备、方法、检测人员、检测结果等信息。

（2）编制检测报告：依据检测数据，编制详细的检测报告，供设计、生产、质量部门参考。

（3）保存档案：将检测报告和相关数据保存在档案中，以便进行后续质量分析和追溯。

7. 焊缝检测的培训与认证

为保证检测人员具备专业技能，许多国家和地区设有针对焊缝检测的培训和认证机构。这些认证机构为检测人员提供理论知识和实践操作的培训，以确保他们掌握检测方法和技术。通过认证的检测人员能够有效地执行焊缝检测任务，保障焊接质量。

（1）国际焊接协会（IIW）：作为全球焊接行业的权威组织，IIW提供多种与焊接检测相关的认证项目，如欧洲焊接工程师认证、国际焊接检测员认证等。

（2）美国焊接学会（AWS）：AWS提供注册焊接检测师（CWI）认证项目，它涵盖多种焊缝检测方法和技术。

（3）中国焊接协会（CWA）：CWA提供焊接检测员和焊接工程师等认证项目，为中国焊接行业培训和认证检测人员。

总之，焊缝检测是确保焊接质量的重要环节。根据焊接结构的要求和检测目的，选择合适的检测方法和标准，并按照规定的检测程序进行操作，对检测结果进行评估和处理，及时发现并解决焊接中的问题，以保证产品的安全性、可靠性和使用寿命。同时，记录检测数据并编制检测报告，为设计、生产、质量管理提供参考，实现焊接工艺的持续改进。在此基础上，培训和认证检测人员，提高他们的专业水平，将进一步提高焊接质量，确保焊接产品的安全性和可靠性。

5.2.2 焊接质量保证体系的建立

焊接质量保证体系在建立、健全、运行和不断改进完善的过程中必须遵循一些原理和原则，这些原理和原则是焊接质量保证体系的基本准则，它包括以下几个方面。

1. 质量环

从了解与掌握用户对产品质量的要求和期望开始，直到评定能否满足这些要求和期待，影响产品质量的各项相互活动的理论模式即为质量环。质量环是指导企业建立质量保证体系的理论基础和基本依据，通用型的质量环包括 11 个活动阶段，如图 5-32 所示。

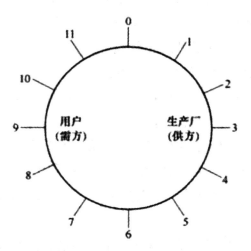

1—市场调研；2—设计、规范的编制和产品研制；3—采购；4 —工艺准备；5—生产制造；

6—检验和试验；7—包装和储存；8—销售和发运；9—安全运行；10—技术服务和维修；

11 —用后处理。

图 5-32　质量环示意图

2. 质量体系结构

质量体系结构包括：企业领导职责、质量职责和权限、组织机构、它由资源、人事、工作流程构成。

（1）企业领导职责。企业领导要对公司的质量政策的制定，以及公司的质量保证体系的建立、健全、执行和正常运作负有全部的责任。

（2）质量职责和权限。在质量文件中，应该对与质量直接或间接相关的活动进行详细的描述，对企业各级领导和各职能部门在质量活动中所承担的质量职责进行详细的描述，对从事各项质量活动人员的职责和权限以及各项质量活动之间的纵向和横向衔接进行详细的说明，对质量职责与权限进行控制和协调。

（3）组织机构。企业应该构建一个与质量管理相匹配的组织机构，在这个组织机构中，通常包含了各级质量机构的设置、各机构的隶属关系与职责范围、各机构之间的衔接与相互关系，从而在整个企业中构建出一个质量管理网格。

（4）人力物力。为了贯彻落实质量方针，并实现质量目标，企业领导应该确保必需的各级资源，具体内容：人才资源和专业技能，设计和研制产品所必需的设备、生产设施，检验和试验设备、仪器仪表和计算机软件等。

（5）工作流程。企业应依照品质政策，依据质量环内的品质构成阶段，制定并公布相关的品质活动的工作流程。其中包括管理标准、规章制度、操作规程、工作流程、专业品质工作、各项工作流程图等。

3. 质量体系文件

企业应针对其质量体系中采用的全部要素及要求和规定，系统地编写出方针和程序性的书面质量文件，这包括质量保证手册、大纲、计划、记录和其他必要的供方文件等。

4. 质量体系审核

为确保质量活动及有关结果符合质量计划安排以及这些安排贯彻并

达到预期目的所做的系统、独立的定期检查和评定，即为质量体系审核。这一过程包括质量保证体系审核、工作质量审核和产品质量审核几部分。审核的目的是查明质量体系各要素的实施效果，确认其是否达到了规定的质量目标。

5.2.3 焊接质量保证体系的实施

在焊接过程中，应以降低生产成本、保证质量达到规定的技术要求为目标，并以增加产品附加值为主要目标。焊接质量管理主要包括：工艺管理，工序管理，焊接材料管理；负责焊接设备的管理，焊接坡口及设备的管理，技术人员及焊接工人的技术水平的管理；对焊接施工进行管理，对焊接检验，对技术人员和焊工的教育培训，对焊接质量进行监督检查。

1. 技术经营

企业要有完备的技术管理组织，要有健全的厂长或总工程师的技术责任制，要有各级技术岗位责任制。企业应具备完善的设计数据，正确的生产图样，必要的生产过程文档等。所有图纸数据均需签署，引入的数据还需审核人员和总工程师共同签署。生产企业需要有必要的工艺管理机构和完善的工艺管理制度，对各类人员的职责范围和责任进行明确。焊接产品所需的生产技术资料，由技术主管（主管或负责焊接的工程师）签署，并附带过程评价测试记录或过程测试报告。企业应当建立独立的质检部门，按照生产技术要求，进行各种检验，并出具检验报告。因遗漏、错检而导致的产品质量事故，检验员应负全部责任。

2. 原料处理

在进行焊接之前，对诸如钢、铁之类的原料进行检验，以满足设计要求，这是一项很重要的工作。为此，必须做好进库、出库和处理流程的记录，并且要制作表格进行登记，检查所需的批号，规格，尺寸、数量和外表。

3.焊接材料管理

施工单位要对焊接材料进行严密的保管，一般情况下，要有专门的仓库（一级库、二级库），仓库中要保持良好的通风，保持除湿、干燥，不同规格型号的焊条要进行分类，并在上面贴上醒目的型号或牌号标签。焊接材料在使用之前都要经过烘烤，由于包装的完整性、恶劣的环境以及存放的时间等因素，它的吸湿性会有较大的差异，因此，必须对焊接材料的存放进行严密的管理，并在存放的过程中，对焊接材料进行定期检验。

4.焊接设备管理

以钢材焊接为主要制造手段的企业，必须配备必要的设备与装置并严格进行管理，这些设备和装置主要如下。

（1）非露天装配场地及工作场地的装备、焊接材料烘干设备及材料清理设备；

（2）组装及运输用的吊装设备；

（3）各类加工设备、机床及工具；

（4）焊接及切割设备、装置及工装夹具；

（5）焊接辅助设备与工艺装备；

（6）预热与焊后热处理装备；

（7）检查材料与焊接接头的设备与仪器；

（8）必要的焊接试验装备与设施。

由于焊接设备、装置与工装夹具的故障和损坏，直接导致焊接过程无法实现，因此，应定期对其进行检查和修理。为了便于检修，要求对其进行制表登记。例如，焊机故障报表和使用时间表等。

5.焊接坡口和装配管理

为保证焊接质量，国家标准制定了各种焊接接头的坡口间隙、形状和尺寸。为使焊接坡口保持在允许范围之内，就要进行焊接坡口的加工精度管理，使其满足工艺及项目标准规范的要求。焊接接头坡口处的水分、铁锈和油漆，焊前必须进行清理方可施焊。

6. 技术人员和焊工技能管理

企业必须拥有一定的技术力量，包括具有相应学历的各类专业技术人员和技术工人。通常配备数名焊接技术人员，并明确一名技术负责人。他们必须熟悉与企业产品相关的焊接标准与法规。从事焊接操作与无损检验的人员，必须经过培训和考试合格取得相应证书或持有技能资格证明。

7. 焊接施工管理

焊接现场的施工管理对焊接质量有重要影响，特别是锅炉和压力容器生产，更应严格按焊接工艺规程进行施工。焊接施工管理，随所采用的焊接方法不同而不同，一般焊接施工管理项目有对焊接条件的查核、焊接顺序及焊接记录等。

8. 焊接检验管理

焊接检验与其他生产技术相配合，才可以提高产品的焊接质量，防止不合格产品的连续生产，避免焊接质量事故的发生。因此，检验管理应贯穿整个生产过程，它是焊接生产过程自始至终不可缺少的重要工序，是保证优质高产低消耗的重要措施。

5.2.4 焊接质量控制内容及影响因素和措施

焊接质量保证体系的建立对整个焊接生产过程十分重要，但是它并不是万能的，必须确定焊接生产过程中的质量控制点，并建立起相应的控制机制和措施，才能以此保证焊接质量体系的顺利开展，获得合格的焊接产品。

以承压设备为例，将承压设备的生产和运行全过程归纳起来，焊接质量控制内容如图 5-33 所示。承压设备的设计，首先应考虑有利于进行焊接质量控制；此外，还要注意其他因素，如经济性、可靠性和材料（母材、焊接材料）的选择等。

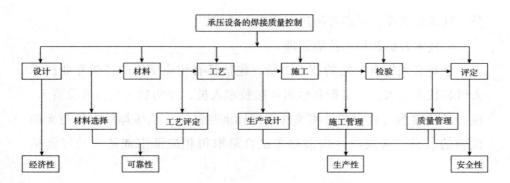

图 5-33　承压设备的焊接质量控制内容

企业必须对承压设备焊接质量进行控制的原因如下。

（1）母材材质的不均匀性。相同牌号的钢材，由于炉号、批号不同，其化学成分、力学性能都有一定的差异，对焊接质量都有一定影响。

（2）工艺评定的不完善性。工艺评定的实验室条件、焊接设备的工作状态及焊工的熟练程度等都有一定的差距。 例如，试板状态与实际结构不一致、实验室条件与现场施工条件不一致等，这些对于焊接工艺评定结果都有一定的影响。

（3）组装定位存在偏差。

（4）焊接过程的不稳定性。

（5）焊接材料的性能存在波动性。

（6）焊接接头区域存在淬硬的可能。

（7）焊缝中不可避免地会有缺欠。

（8）焊接接头区域存在应力集中。

焊接质量控制标准可分为控制操作标准、验收标准、使用标准及可修复标准。产品质量与焊接质量控制标准之间的关系如图 5-34 所示。

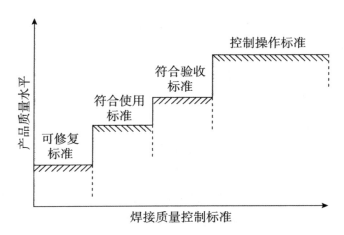

图 5-34　产品质量与焊接质量控制标准之间的关系

钢结构焊接质量的影响因素有以下几方面。

1. 设计因素的影响

（1）焊接构造的基本要求。产品的设计是其制造过程中的重要环节，它直接影响着产品的整体性能，这也反映在了焊件上。通常，焊接构造应该符合以下基本要求。

①可操作性。焊接构造应满足产品的用途及期望的结果。

②可靠度。在服役期间，焊接构造应保证其安全性和可靠性，抗振动、抗腐蚀性及其他性能指标。

③制程。它包括焊前预处理、焊后的处理、焊接材料的选择、焊缝的接合性、检查的可及性等。焊接构造应该容易进行机械、自动焊接。

④节约型的投资策略。在生产过程中，要尽量减少原材料、能源和人工的消耗，降低整体费用，并尽量保证结构的外观的美观。

（2）焊接构造的基本原理。为满足以上焊接构造的基本要求，在进行焊接构造时，必须遵守如下几个原则。

①对素材的正确选用与使用。所选择的金属材质必须既符合其工作特性又符合其工艺特性。机械性能包括强度、韧性、耐磨、耐腐蚀、耐蠕变等；加工特性主要是指焊接特性，还包括其他冷、热加工的特性，

比如热切割、冷弯、热弯、金属切削和热处理等。

对于焊缝的某些部分，如果有特别的要求，可以使用特殊的金属，而其他部分则可以使用普通的材料。对于有防腐需求的结构，可以使用基体为普通碳钢、工作面为不锈钢的复合钢板，或在基体上堆焊防腐层；对于具有高耐磨性的构件，可以采用高温熔化方式进行焊接；要充分利用可用于焊接的非同种金属材料的特性。

在对结构零件进行零配件的分割时，应考虑到在零件加工时，对零件进行合理的布置，从而降低零件的剩余部分，提高零件的使用效率。

②对结构形式进行合理的设计。按照对结构的强度与刚性的需求，将结构的几何与大小设定在最佳受力条件下，并不一定非要模仿铆接、铸造与锻造等结构。

由于焊缝是一种钢结构，其整体性决定了焊缝中各部分的构造同样重要，因此，大量焊缝失效的原因就在于焊缝中存在一些缺陷。在构造节点、截面变化、焊接接头形状变化等情况下，应谨慎地进行处理。

焊接时，要尽可能采用简单、长、直的焊接方式，尽量减小焊接长度和非规则长度；在实际应用中，应尽量避免使用较难弯曲、冲孔的复杂型面。

③减少焊接工作量。尽量多选用轧制型材以减少焊缝，还可以利用冲压件代替一部分焊接件；结构形状复杂、角焊缝多且密集的部位，可用铸钢件代替；必要时可以适当增加壁厚，以减少或取消加强筋板，从而减少焊接工作量。对于角焊缝，在保证强度要求的前提下，尽可能用最小的焊脚尺寸。

④合理布置焊缝。对有对称轴的焊接结构，焊缝应对称地布置或接近对称轴处，这有利于控制焊接变形；要避免焊缝汇交和密集；在结构上焊缝汇交时，要使重要焊缝连续、次要焊缝中断，这有利于重要焊缝实现自动焊，保证其焊接质量；尽可能使焊缝避开高应力部位、应力集中处、机械加工面和需变质处理的表面等。因此，焊接图纸设计和审核，

需对焊接接头形式优化。

⑤施工方便。必须使结构上的每条焊缝都能方便施焊和方便质量检验，焊缝周围要留有足够焊接和质量检验的操作空间；尽量使焊缝都能在工厂中焊接，以减少工地现场的焊接工作量，减少手工焊接的工作量，增加自动焊接的工作量；对双面焊缝，操作方便的一面用大坡口，施焊条件差的一面用小坡口，必要时改用单面焊双面成形的接头坡口形式和焊接工艺。尽量减少仰焊或立焊的焊缝，这样的焊缝劳动条件差，不易保证质量，而且生产率低。

⑥有利于生产组织与管理。大型焊接结构采用部件组装的生产方式有利于工厂的组织与管理。因此，设计大型焊接结构时，要进行合理分段。分段时，一般要综合考虑起重运输条件、焊接变形的控制、焊后热处理、机械加工、质量检验和总装配等因素。

此外，应注意结构形式对焊接质量的影响，尽量减少焊接接头的数量，焊接坡口尺寸应尽可能小，焊缝之间要保持一定距离以防止焊缝集中，保证焊接工艺的可实施性，在可能的情况下采用低匹配的焊缝，防止焊接接头强度过高而塑性、韧性不足。

2. 材质因素的影响

（1）母材。在制定焊接规范时，基体材料是基础，对焊缝的质量起着决定性作用。目前，大部分焊缝的设计都遵循"等强度、等韧性、等塑性"的原则，其焊缝的力学性质与其对应的规范所确定的"等强度、等韧性、等塑性"基本一致。所以，在评价焊缝质量时，基体材料的各种特性也是参考指标。对于每位焊接技术人员来说，除了要对结构材料的焊接性有基本的认识之外，还应该对结构材料的力学性能、与焊接相关的其他各项性能有完整的认识，比如冷、热加工性能，热处理性能，以及在不同的工作条件和介质作用下的性能。在服役环境中，如腐蚀、中子辐射、高低温，和其他一些因天气原因而产生的问题，则特别需要考虑材料的影响。

以锅炉及压力容器为例，其结构材料的选择要符合三个方面的要求：使用性能、焊接工艺及经济性能。

①在符合技术标准的情况下，尽可能选择低等级的材质；

②在工程设计中，应考虑到工程实际情况，尽可能选择专用板材；

③在不能更改焊接技术的情况下，尽可能选用具有良好可焊性的材料；

④尽可能选择由结构设计决定的材质，以便更好地控制焊缝的质量。

（2）焊料。用于焊接的焊料，包括焊条、焊丝、焊剂、保护气等。在选择这些焊料的时候，首先要看焊接方式，如果已经确定了焊接方式，那么通常情况下，要以母材和焊接接头的力学性能、耐腐蚀性等为基础，来选择与之相适应的焊料。

通常情况下，选用焊条时，应当遵守下列原则。

①对同一种材料进行焊接时，通常对与基底材料具有相同强度的焊点进行焊接；

②对碳、低合金，或具有不同强度水平的低合金钢材进行焊接时，应选择其强度较小的钢材；

③对于碳钢板和不锈钢，或者是低合金钢板和不锈钢的异种电极，必须使用高 Ni-Cr 焊条或焊丝进行焊接；

④进行多层焊时，可以选择使用较弱的焊料，以降低冷裂的发生率；

⑤对于具有较大硬化倾向的调质中碳，应使用奥氏体焊条，以降低冷裂的产生。

施工单位要对焊料（焊条）进行严密的保管，一般情况下，要有专门的仓库，仓库中要保持良好的通风，并保持除湿、干燥，不同规格型号的焊条要进行分类。焊条在使用之前，必须按照说明书中所述的烘烤温度进行干燥。

3. 工艺因素的影响

采用的焊接方法必须符合焊缝的材质和焊缝的定位，且必须经过试验验证。适用于在工厂内进行焊接的方法，在工地上则未必适用。焊接过程中，基底材料（例如表面状态）、焊接工艺以及焊料等均会对焊接接头的微观结构产生影响。焊料稍有不同，就会对焊件的力学性质及焊接质量产生极大的影响。在焊接过程中，不同的工艺条件对焊缝的机械性能有不同的影响。在焊接过程中，应充分考虑焊缝的行能和温度梯度。

（1）焊接方法的选用。在选用焊接方法时，要确保焊接方法的质量和可靠性，并确保其具有较高的生产效率和较低的生产成本，具有良好的劳动力环境和较高的综合经济指数。在选用焊接方法时，要根据产品的结构形式、母材的特性、工件的厚度等因素来确定。

（2）焊接前的准备工作。焊接前的准备工作主要有坡口的准备、接头的安装，以及焊缝区的清理。

（3）焊接顺序。焊接顺序会极大地影响焊接制品的应力与变形，并直接影响制品的工作特性，因此，要按照焊接构造的特征来确定焊接顺序，尽可能地使焊缝能够自由收缩，从而减少焊接应力。所以，在焊接时，应先进行收缩大的焊接，再进行收缩小的焊接。

（4）焊接工艺参数的选择。要求焊接技术人员在适当的工艺参数下施焊，以确保焊缝的质量。对焊接过程进行全面的评价，对材料进行适当的选用，是确保焊接质量的前提。但同时也要求有良好的焊接技术规范，熟练的焊接技术人员，以及对生产过程的严格控制，以保证焊接质量。

4. 施工因素的影响

正确的焊接结构设计、合理的焊接工艺及可靠的焊接工艺评定，都要通过施工来实现。因此，要求施工者严格执行焊接工艺参数和生产工艺规程，以便保证焊接质量，否则会导致焊接构件的焊接质量下降。

焊接过程中要选择符合施工标准的焊料，选择与所评定的工艺参数相符的参数施焊，如果有不符合焊缝质量标准的焊道，必须返修，这样才能保证焊接质量。

5. 检验因素的影响

焊接检验是控制焊接质量的重要手段。焊接检验方法种类众多，每种检验方法都有其自身的特点和应用范围。因此，在检验过程中应注意正确选择和灵活运用，以保证全面、准确地反映焊接接头的质量。检验贯穿整个焊接过程，或者说检验是贯穿整个施工过程的，包括焊前检验、焊中检验和焊后检验，每部分检验的内容和侧重点不同，但是目标都是一致的，都是保证焊接接头的最终性能满足要求。

5.2.5 焊后质量控制

尽管在焊接前和焊接时已经对焊件进行了检测，但是在生产中，外部因素的改变、标准的变化，以及能量的波动，都会对焊件的质量造成影响。另外，在焊接头两道工序中，因受各种因素的影响，一些检测项目尚无法完成。产品要经过品质检查，才能确保其品质。这是在完成所有的焊接工作之后，对焊缝的清理和成品的检查。对有延性开裂倾向的高强度钢材，其焊缝的检测及成品检查均需在焊后延后一定时期进行，或进行复检。目前的检测手段有两种，一种是破坏检测，另一种是无损检测。

焊接外观检验是一种常见而又简便的检验方法，它是通过肉眼、样板、量具或低倍放大镜（不大于 10 倍）等来检查焊缝的外观尺寸和成形情况。其应包括以下几个方面。

（1）清理质量。对焊缝及其母材的熔渣、飞溅及阻碍外观检验的附着物进行检验。

（2）焊缝外观尺寸。对焊缝的余高及余高差、焊缝比坡口每侧增宽及宽度差、I 形坡口的焊缝平直度及宽度差、管板状处的焊脚及焊缝的凸凹度进行检验。

（3）焊接缺陷。对裂纹、未熔合、夹渣、气孔、焊瘤、咬边、未焊透及内凹等进行检验。

（4）表面状态。对一次焊制、补焊和返修焊进行检验。

外观检验是借助于量具，对器壁内、外表面上存在的缺陷及容器的内径及外径、周长等尺寸进行直接测量。常用量具有平直尺、钢卷尺、深度游标卡尺、内径千分尺、外径千分尺、塞尺（或称塞规）及千分表等。

平直尺和钢卷尺，不仅能用来测量容器本体各部位的长度尺寸、接管尺寸、外圆周长、筒体内径、椭圆度、法兰高度及倾角、裙座螺栓孔间距尺寸等，还可用来测量容器上已存在缺陷的位置、大小和面积。此外，还可与拉线检查法配合，构成拉线直尺法，如图5-35所示。此法用于测量管子的弯曲度和卧式大型容器的挠度。

深度游标卡尺，可用来测量弧形面上的缺陷深度，如图5-36所示。

用塞尺来测量绕带式容器的相邻两圈绕带的间隙。

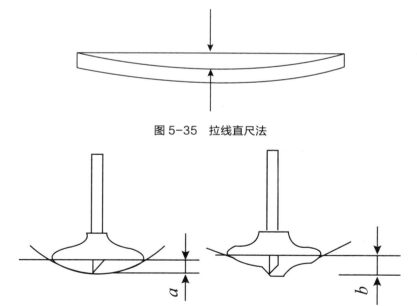

图 5-35　拉线直尺法

图 5-36　测量弧形面上的缺陷深度（深度 =b-a）

1. 专用量具的检查方法

常用的有标准样板万能量规和使用方便、精度又高的多用途焊口检测器两种。

标准样板万能量规，按不同板厚的标准焊缝尺寸特制，样板的编号与被检钢板的厚度相对应，然后组装一起构成活动式量规（万能量规），检查焊缝的成形及其表面的质量，如图 5-37 所示。

焊口检测器是精度高用途广的专用检测焊缝、坡口等的一种量具，如图 5-38 所示。

这种检测量具是由主尺、探尺及角度规所组成的，可检测和测量焊接接头的坡口角度、间隙、错位、焊缝的宽度、焊缝的高度、角焊缝高度和厚度等。

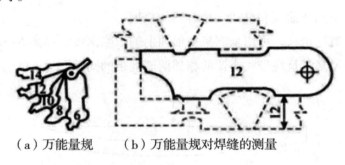

（a）万能量规　　（b）万能量规对焊缝的测量

图 5-37　万能量规及其对焊缝的测量

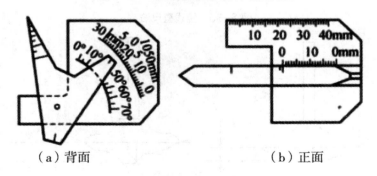

（a）背面　　　　　　　　　（b）正面

图 5-38　焊口检测器

焊口检测器的测量范围如下。

（1）样板角度：15°，30°，45°，60°，90°；

（2）坡口角度：≤ 150°；

（3）钢尺：40 mm；

（4）错位：1 ～ 20mm；

（5）间隙：1 ～ 5mm；

（6）焊缝宽度：≤ 45 mm；

（7）焊缝高度：≤ 20 mm；

（8）角焊缝高度：1 ～ 20 mm。

在使用中，测量以毫米为计量单位的尺寸时，测量值可直接从尺上读出来。测量角度时，测量结果可用 90°（－）或 90°（＋）的测量值求得。由于它使用简单，携带方便，因此很受焊接检验员的欢迎。

具体方法使用如图 5-39 至图 5-49 所示。

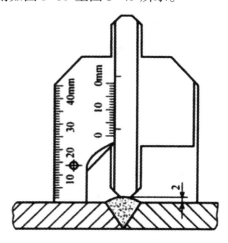

图 5-39　测量焊缝高度

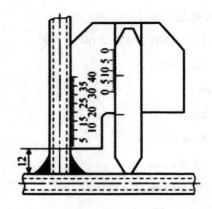

图 5-40   测量角焊缝高度

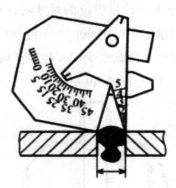

图 5-41   测量焊缝宽度

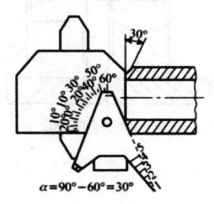

$\alpha = 90° - 60° = 30°$

图 5-42   测量管道坡口角度

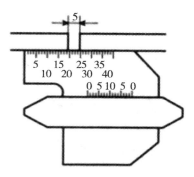

图 5-43　做钢尺测量及校直

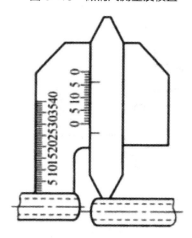

图 5-44　测量管道错边尺寸

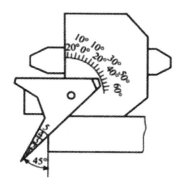

图 5-45　测量坡口角度

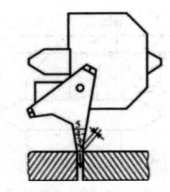

图 5-46　测量间隙

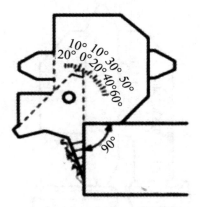

图 5-47　测量切割表面垂直度

图 5-48　测量角焊缝厚度及 90° 焊接角

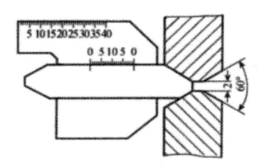

图 5-49　测量对接组焊 X 形坡口角度

2. 样板的检查方法

样板是用薄铁皮、硬纸板等易裁物制成的，用于检查验证批制零部件尺寸是否符合原图纸的要求。样板的形状、尺寸应预先按照原设计图纸 1∶1 比例和形状来剪制而成，然后将其与部件实物进行形状和尺寸的核对，检查方法如下。

（1）各类封头的形状检查。椭圆形封头如图 5-50 及图 5-51 所示。

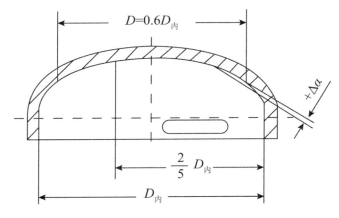

图 5-50　测量过渡区

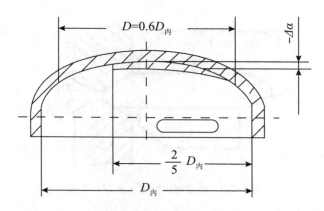

图 5-51　测量球面部位

碟形封头，如图 5-52 所示。

折边锥形封头，如图 5-53 所示，图中 $\triangle D$ 为直径公差。如图 5-50 至图 5-53 所示的样板常用于验证封头制造的质量，或更换新的封头时对封头制造质量进行验证和检查。

半球形封头多用瓣形板和顶圆板对接焊制而成。采用样板对其几何形状检查时，有内测法和外测法两种方法。

内测法按 0°、90°、180°、270° 四个方位进行测量。所用样板长度（指直线长度）一般为 $\frac{1}{4}D_内$ 内测法又可分为按弧线方向测定（如图 5-54 所示）和按周向测定（如图 5-55 所示）。此法常用于检查控制质量不良的花瓣形外观。

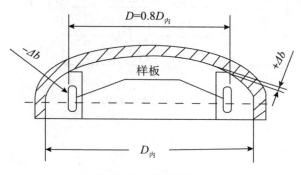

图 5-52　测量过渡区

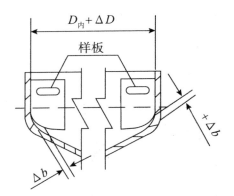

图 5-53　测量过渡区

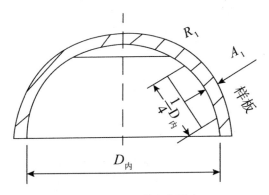

图 5-54　弧线方向测定

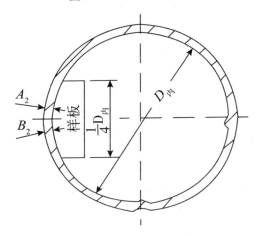

图 5-55　周向测定

（2）筒体部位的样板检查。主要检查对接纵焊缝处形成的棱角度（E）质量，如图 5-56 和图 5-57 所示。

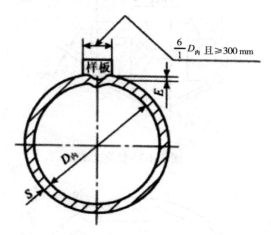

图 5-56　外样板

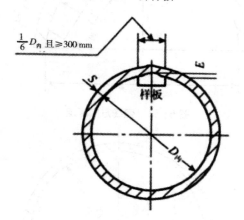

图 5-57　内样板

一般对质量要求 $E \leqslant 0.1S+2$ mm，且 $E \leqslant 5$ mm。这种质量检查是用弦长等于 $\frac{1}{6}D_内$，且不小于 300 mm 长的外样板和内样板来进行。

对接环焊缝形成的腰凹和棱角度（E）的检查。在检查时，应围绕筒体周向按方位 0°、45°、90°、135°、180°、225°、270°、315° 或找出存在有腰凹及棱角最严重的部位进行检查。

一般对质量要求 $E \leqslant 0.1S+2$ mm，且 $E \leqslant 5$ mm。样板采用长度为 300 mm 的平直钢尺，测量时最好配用深度游标卡尺来进行。

第 6 章　声发射检测技术在钢结构焊缝检测中的应用

6.1　钢结构焊缝声发射信号采集

为了研究焊接中钢结构裂纹的声发射信号的特点，有必要开发焊接裂纹声发射信号实验平台，该实验平台必须能够满足模拟焊接裂纹条件，既能够准确、方便地评定焊接结构裂纹的发展趋势，又能够对焊接结构裂纹动态变化过程中产生的声发射信号进行多通道同步、在线采集。在焊接裂纹声发射信号测试实验平台上，可以模拟焊接裂纹的产生与扩展，并同步采集声发射信号，完成对焊接裂纹声发射信号的采集实验。通过对焊接裂纹声发射信号进行采集和特性分析，能够为声发射信号分析、处理与焊接裂纹检测提供数据基础和先验信息。

6.1.1 焊接裂纹声发射信号测试实验平台

1. 实验平台

焊接过程及结果具有不可重复性，实际焊接结构裂纹的形成与扩展又具有随机性、瞬时性、不可预测性。为实现焊接裂纹的模拟与声发射信号的同步测试，焊接裂纹声发射信号测试实验平台共分为三大模块：焊机、横向拘束压力可调实验装置、声发射信号采集系统。图 6-1 为钢结构焊接裂纹声发射信号测试实验平台工作原理示意图。

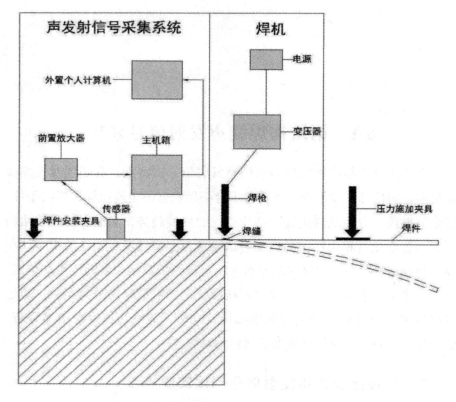

图6-1 钢结构焊接裂纹声发射信号测试试验平台工作原理示意图

实验过程中选择不同的焊机、焊料进行焊接工作，由横向拘束压力可调实验装置给焊接结构施加稳定压力，模拟不同焊接实验条件下焊接结构裂纹形成及扩展的动态变化过程，通过声发射信号采集系统实现实验过程中声发射信号的多通道在线采集。

2. 焊机

焊机是焊接结构裂纹声发信号测试实验平台的基础模块，由电源、焊枪、辅助机构组成。焊机主要利用电路短路产生高温的原理，使得金属焊丝熔化填充焊缝达到焊接的效果。焊机分为自动焊机和手工焊机两种。实验过程中，可以依据不同要求对焊机模块进行选择。

6.1.2 横向拘束压力可调试验装置

本实验装置是为满足实验要求，在不同条件下，对焊接接头施加持续的压力，从而引起焊接接头的塑性形变而产生裂纹，同时，对裂纹的发展状况做出了准确的评估。

一种横向限制压力可调的测试台，由测试台本体、焊件安装支架及压力支架构成。测试平台是测试平台的主体，用于测试焊接材料；焊接支架的主要功能是将焊接支架固定在台体上，防止台体在测试过程中发生滑动；所述的加压卡架是由螺丝、螺帽等机构固定在测试台体上，在测试期间，可不断地向焊缝处施加压力，造成焊缝处的变形。本实验设备的主要优点是：使用方便、结构科学、工艺简单。本发明不但成本较低，还可为进一步了解裂纹萌生、发展过程提供依据。图 6-2 为横向拘束压力可调试验装置的结构，它具有可调整的横向拘束压力。

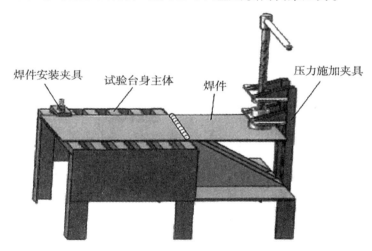

图 6-2　横向拘束压力可调实验装置结构示意图

（1）试验台身主体。实验台身主体是一种测试台体，台体上装有焊件、焊件安装固定架以及压力固定架。全平台分为两级：第一级为焊接级，由 7 条长度相等的 U 形沟道组成，沟道背面要与地面齐平，沟道间距为 70 mm，并通过点焊将沟道与沟道两侧的凸块相连。凸出部分不仅能保证各沟槽之间的相对位置，还能保证实验平台的整体刚度。第二级是压力级，压力卡穿过丝杠，由于其承受的压力较大，所以将螺母机构安装在其上，因此，它的刚度由平行的三角加强筋加强。表 6-1 为试验台身主体相关参数。

表6-1　实验台身主体相关参数

装置项	零件材料	零件尺寸 /mm	单部件质量 M/kg	数量 N
实验台身主体	45	—	—	1
实验台侧面筋板	45	长 555 宽 288 厚度 5	6.3	2
实验台正面筋板	45	长度 800 总高度 288 厚度 5	9.5	1
实验台中间横杆	45	标准型材 $50 \times 37 \times 4.5$ 长度 600	3.3	6
实验台长支撑脚	45	标准角钢 规格 50×50 长度 463	2.8	4
实验台短支撑脚	45	标准角钢 规格 50×50 长度为 212	1.3	2
实验台第二阶段梯板	45	长度 445 宽度 300 厚度 12	33.5	1

（2）压力施加夹具

压力施加夹具通过螺纹杆、螺母安装在试验台身主体装置的第二个台阶的端部。它可以在焊接时施加压力，导致焊接时出现裂纹，其基本原理是利用螺杆、螺母机构，将扭转力矩转化为竖向力。为了防止在试验的过程中，由于螺杆的顶端与焊件的直接接触而导致螺杆损伤，将螺杆与焊件的接触点的末端设计成球头的结构，与此同时，在螺杆和焊件的中间位置，还设有压力施加底座，该底座是四面球头的结构；与螺杆球头结构相连接，此设计可使压力施加螺杆和压力施加底座在工作期间产生相对角度的改变，以降低螺杆在工作期间的损伤。图 6-3 是压力施加螺杆、压力施加底座接触结构剖面示意图。

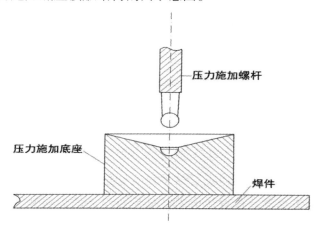

图 6-3　压力施加螺杆、压力施加底座接触结构剖面示意图

压力施加螺杆的尾端钻有通孔，工作过程中将螺杆穿过通孔，利用杠杆原理手工旋转压力施加螺杆，给焊件施加压力。同时通过在压力施加夹具上焊接三角加强筋板、将两根平行放置的 U 形槽钢作为主体支架等方法，保证压力施加夹具在工作过程中的强度。

（3）焊件安装夹具

焊件安装夹具上、下压板上分别钻有长圆孔，螺杆可以通过长圆孔穿过上下压板，在实验过程中夹具下压板放置在实验台身下侧，夹具上压板放置于实验台身上侧。夹具螺杆穿过夹具下压板的同时从实验台身中间横杆之间夹缝穿过，然后穿过夹具上压板；通过调节夹具螺杆与螺母，调整夹具上、下压板之间的距离，从而将焊件固定在实验台身上。图 6-4 为焊件安装夹具结构与工作示意图。

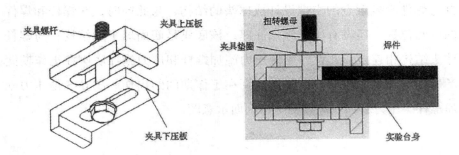

（a）焊件安装夹具结构　　　　　　（b）焊件安装夹具工作示意图

图 6-4　焊件安装夹具结构与工作示意图

3. 声发射信号采集系统

通过对焊接裂纹的 AE 探伤实验，发现在可调的焊接拘束压力下，在加压过程中，焊缝结构发生了扭转，出现了裂纹。本书在对实验结果进行分析的基础上，利用声发射技术对实验结果进行了分析。本书主要研究了一套由传感器、前置放大器及计算机组成的焊接裂纹声发射信号采集系统。

声发射信号采集系统的结构示意图如图 6-5 所示，声发射信号跟随电路由声发射传感器、前置放大器及信号线组成，其主要功能是将采集到的声发射振动信号转换为声发射电流模拟信号。在使用过程中，由于外部温度高、磁场强，所以选择的探头必须能在这样的环境下工作，并且确能保其信号不失真。另外，由于从换能器发出的声发射电流的模拟信号十分微弱，所以为了避免在传送时产生的噪声对换能器产生干扰；信号线路的长度不得超过 1 m，并且必须具有抗干扰功能。前置放大器能够对声发射传感器采集到的声发射电流模拟信号进行一定的前期放大、降噪处理，保证声发射电流模拟信号在较长距离传送的过程中不会产生失真。声发射机主体框架

其中，L1、L2、L3 是本体系的核心部件；L4 端口连接到外面的 PC 机，并能顺着这条线，通过以太网连接到 4 个音频信号，可以进行频道的选通；并且，通过所述声音信号向所述声音信号主机发送指令，对所述声

音信号采集所述声音信号的相关参数进行选择。同时，声发射信号经过电路采集到的声发射电流模拟信号，将其传送到声发射主机箱，再将其进行滤波、降噪、A/D 转换，最后传送到外部个人计算机中，进行显示和存储。AE 数据获取的基本架构如图 6-5 所示。

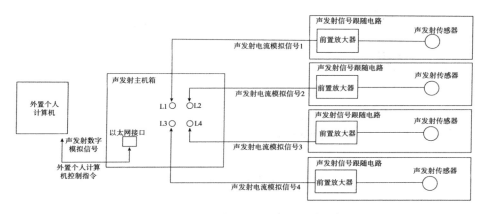

图 6-5　声发射信号采集系统结构示意图

当为整个系统提供电源时，就会启动电脑装置内的软体，进行资料收集。对与设备有关的参数进行设定，具体包括了物理参数、电气参数、功能参数。在硬件系统初始化完成之后，它就会一直处在一个等待的状态，在接收到来自数据采集软件系统发送的采集开始指令时，它就会启动对声发射信号的采集。首先，利用 AE 探测器将 AE 讯号转化为 AE 讯号，由 AE 探测器收集的 AE 讯号经预放大器放大后送至 AE 主机；利用 A/D 变换器，将 A/D 变换为 A/D 变换器；接着，所述计算机装置将所述数据封装并存储，所述计算机装置经由外部组件互联（PCI）总线从所述数据收集装置中接受所述数据，并对所述数据进行解包；最终，将采集到的 AE 信号通过数据采集软件进行读出，并将其处理后的 AE 信号进行示波并进行存储。图 6-6 是一个说明声传输信号流动的图解。

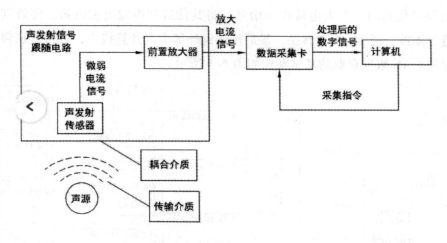

图 6-6　声发射信号流向示意图

6.1.2 钢结构焊接裂纹声发射信号采集方案

为了实现信号的有效采集，先对声发射信号采集系统的采样频率、采样长度、参数间隔、撞击闭锁时间、波形门限等相关参数进行设置，以降低外界干扰因素对信号的影响；再拟定信号采集基本思路，具体内容如下。具体内容如下。

1.焊接摩擦激励源声发射信号采集

在焊接试验过程中，焊接摩擦激励源声发射信号主要是由焊件与实验台身、焊件安装夹具、压力施加螺杆发生摩擦产生的。在模拟试验过程中，焊件安装夹具与焊件产生摩擦，通过声发射信号采集系统，获得模拟焊接摩擦激励源声发射信号。

2.焊接电弧冲击激励源声发射信号采集

为了降低噪音的影响，在模拟焊接电弧声发射源的过程中，使用点焊来模拟焊接电弧声发射信号。通过点焊时间的调控，将焊接中所生成的激励源声发射信号完全地反映在探测信号中，从而减小探测到的激励源声发射信号的成分。在声发射信号中，除了焊接过程中产生的冲击波，还包括了焊接过程中产生的裂缝和焊丝与工件间的摩擦等。

3. 焊接结构裂纹激励源声发射信号采集

焊接结构裂纹激励源声发射信号是焊接结构裂纹使焊件发生变形，引起焊件内部残余应力释放进而产生的。为模拟焊接结构裂纹激励源声发射信号，选择在焊接工作完成之后立刻对声发射信号进行采集，焊后熔池由于散热不均产生裂纹，采集该过程的声发射信号，能够获得较高信噪比的焊接结构裂纹激励源声发射信号，可以避免声发射信号采集时焊接摩擦激励源声发射信号、焊接电弧冲击激励源声发射信号的干扰。

4. 焊接加热过程混合激励源声发射信号采集

利用可调节的施压试验设备，对焊件施压，使其发生塑性变形，并导致其开裂。在此基础上，提出了一种基于声发射技术的声发射检测方法。所获得的声发射信号包括焊接摩擦、焊接电弧冲击和焊接结构裂纹激励源声发射信号。图 6-7 是用声发射检测方法在焊接加热中声发射信号采集原理示意图。

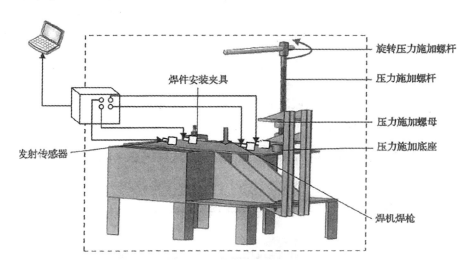

图 6-7　焊接加热过程中声发射信号采集原理示意图

5.焊接冷却过程混合激励源声发射信号采集

本研究拟采用可调节施压的试验台，对焊件压，使其发生塑性变形，并在焊后冷却过程中发生开裂。在此基础上，提出了一种基于声发射的在线检测方法。所获得的声发射信号中，有焊接摩擦引起的声发射信号，也有焊接冷裂纹引起的声发射信号。

6.1.3 钢结构焊缝声发射有效谐波提取

信号可以通过谐波叠加的形式来表示，通过对原始信号进行 SVD 可以判断出信号有效谐波的层数，通过 FFT 将信号由时域投影到频域，可以描绘出其幅值谱，对信号幅值谱进行分析就能够掌握信号能量随频率的变化情况。按照信号谐波幅值从大到小进行提取，使用 FFT 的逆变换将频域信号转换到时域，就能够得到有效谐波。采集到的原始信号是离散数据，离散时间内的连续傅立叶变换为

$$X\left(\mathrm{e}^{\mathrm{j}\omega}\right) = \sum_{m=0}^{\infty} x(m)\mathrm{e}^{-\mathrm{j}\omega m} \qquad (6\text{-}1)$$

由于选择分析时原始数据中有数个数据信号片段，通过改良数据信号片段可将离散傅立叶变换定义为

$$X(k) = \sum_{m=0}^{M-1} x(m)W_M^{mk} \qquad (6\text{-}2)$$

采用 FFT 将信号从时域转换到频域，在式（6-1）和式（6-2）中，信号频率$f_z = mf / M$，M为信号序列长度，f为信号采样频率，信号序列为$m = 1,2,\cdots,\ M-1$。为了进一步描绘出信号幅值与频率之间的相互关系，以信号幅值为纵坐标、频率为横坐标绘制出信号的幅值谱，在信号的幅值谱中按照幅值从大到小将频域信号点提取出来进行 FFT 的逆变换。离散傅立叶逆变换为

$$x(m) = \frac{1}{N} \sum_{m=0}^{M-1} X(k)W_M^{-mk} \qquad (6\text{-}3)$$

式中：采样点对应的时间为 $t = m/f$，$W_M = e^{-j2\pi/M}$ 通过奇异值分析法判断出的信号中的谐波数 n，并使用 FFT 的逆变换将 n 重谐波提取出来。高频部分出现"伪频率"的概率低，保证了谐波提取过程中谱线增高变窄至最佳状态。

FFT 有着至关重要的作用，通过 FFT 及其逆变换能够提取到有效谐波，对有效谐波进行重组能够得到原始信号的有效信号，对有效谐波提取过程进行分析能够得到有效谐波的频率、幅值及其相位等相关参数，这为混合激励源信号分离奠定了基础。

6.2　钢结构焊缝声发射信号降噪、到达时间识别方法及声发射源定位

6.2.1 钢结构焊缝的小波包降噪法

经验姿态分解（Emiprical Made Decomposition，EMD）方法是根据信号自身特点进行自适应分解，无须选择基函数，具有自适应分解能力。由于铝合金平板结构焊接裂纹声发射信号主要分布在高频固有模态函数（IMF）分量中，而高频 IMF 分量中同样包含了大量噪声，所以采用 EMD 方法对信号进行降噪会导致信号上残留一定的噪声，降噪效果较差。采用单一的小波基对信号进行小波包分解降噪，难以有效匹配信号中的不同特征信息，容易造成特征信号丢失。结合 EMD 自适应分解能力和小波包能够有效匹配信号中不同特征信息的特性，本书提出了基于 EMD 和小波包的降噪方法，该方法基本流程如图 6-8 所示。

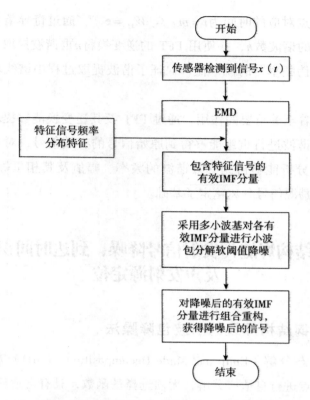

图 6-8 基于 EMD 和小波包的降噪基本流程

6.2.2 钢结构焊缝声发射信号到达时间识别方法

声发射源发出的弹性波在介质中传播到达传感器表面，传感器初次接收到声发射信号的时间称为声发射信号到达时间。目前，较常用的识别声发射信号到达时间的方法有固定阈值法、互相关分析法等。

1. 固定阈值法

采用固定阈值法识别声发射信号到达时间的基本原理如图 6-9 所示。固定阈值法识别的声发射信号到达时间为声发射信号第一次超过预先设定阈值的时刻。图 6-9 显示，对于相同波长的弹性波，声发射信号到达时间随振幅大小的不同。如图 6-10 所示，当信号的信噪比较低时，无法保证采用固定阈值法识别信号到达时间的精度，阈值设置稍有偏差，就会造成很大的误差。

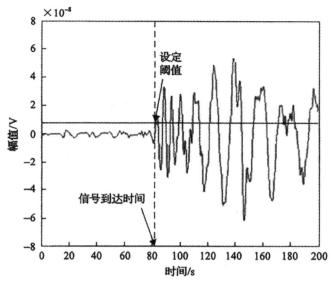

图 6-9　声发射信号到达时间

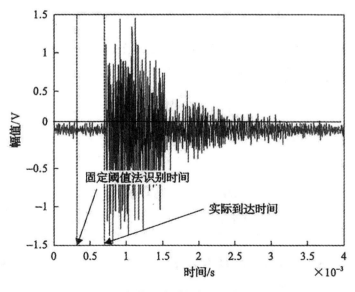

图 6-10　低信噪比时固定阈值法识别结果

声发射信号在金属材料中的传播速度一般大于 5000 m/s，当采用固定阈值法识别声发射信号到达时间产生较大的误差时，会导致不可忽略的声发射源定位误差。

2. 互相关分析法

互相关分析法是描述两个信号在时域上相似性的基本方法，描述了两个时间序列在任意不同时刻取值之间的相关程度。由于来自同一声发射源的信号之间存在一定的相关性，通过计算不同传感器所接收同一声发射源的信号之间的相关函数，可以估算出这一信号源到达不同传感器的时差。Grabec 等给出了互相关分析法在确定声发射信号到达不同传感器的时差的应用。

假设两个处在不同位置的声发射传感器检测到同一声发射源发出的信号分别为 $x_1(n)$ 和 $x_2(n)$，则 $x_1(n)$ 和 $x_2(n)$ 可以分别表示为

$$x_1 = s(n-\tau_1) + n_1(n) \tag{6-4}$$

$$x_2 = s(n-\tau_2) + n_2(n) \tag{6-5}$$

式中：$s(n)$ 为声发射源信号；$n_1(n)$ 和 $n_2(n)$ 为噪声信号。

由互相关分析法的定义可知，$x_1(n)$ 和 $x_2(n)$，则 $x_1(n)$ 和 $x_2(n)$ 互相关分析的数学表达式如下：

$$R_{12}(\tau) = E\left[x_1(n)x_2(n-\tau)\right] \tag{6-6}$$

式中：E 为期望函数。

将式（6-4）和式（6-5）代入式（6-6）可得

$$R_{12}(\tau) = E\left\{\left[s(n-\tau_1) + n_1(n)\right]\left[s(n-\tau_2-\tau) + n_2(n-\tau)\right]\right\} \tag{6-7}$$

假设 $s(n)$、$x_1(n)$ 和 $x_2(n)$ 不相关，则式（6-7）可表示为

$$R_{12}(\tau) = E\left[s(n-\tau_1)s(n-\tau_2-\tau)\right] = R_s\left[\tau - (\tau_1 - \tau_2)\right] \tag{6-8}$$

由互相关函数的性质可知，当 $\tau - (\tau_1 - \tau_2) = 0$ 时，$R_{12}(\tau)$ 取得最大值，

此时 τ 为两个传感器检测到的信号的时差。

在以上推导过程中，声发射信号与噪声之间，以及噪声与噪声之间被默认为无相关性，等式中的信号也被默认为无限长的序列。但是，在实际声发射信号检测中，不可能采集到无限长的声发射信号序列，也无法保证声发射信号与噪声之间，以及噪声与噪声之间完全没有相关性。这两点会使得由互相关函数计算得来的时差有一定误差，从而影响声发射源的定位精度。

6.2.3 钢结构焊缝声发射信号源定位

针对钢结构焊缝声发射信号源定位，一般采用以下算法来定量测定。

1. 最小二乘定位算法

根据传感器的位置、声发射源的位置以及检测到的声发射信号，有

$$\sqrt{\left(x-x_i\right)^2+\left(y-y_i\right)^2+\left(z-z_i\right)^2}=v\left(t_i-t_0\right) \tag{6-9}$$

式中：$(x_i,\ y_i,\ z_i)$ 为第 i 个传感器的空间坐标；(x, y, z) 为声发射源的位置坐标；t_i 为第 i 个传感器检测到的声发射信号到达该传感器的时间；v 为纵向传播速度；t_0 为声发射源开始传播弹性波的时刻。参数 x，y, z 和 t_0 均为未知数。

对于 N 个传感器可以建立 N 个非线性方程，则式（6-9）可表示为

$$\left(x_i-x\right)^2+\left(y_i-y\right)^2+\left(z_i-z\right)^2=v^2\left(t_i-t_0\right), \quad i=1,2,\cdots,N \tag{6-10}$$

由声发射定位原理可知，三维平面声发射源定位理论上只需要 4（$N=4$）个传感器就可以求出声发射源的位置坐标，但是当 $N \geqslant 5$ 时，可以减小干扰差，计算出的声发射源位置坐标更加精确。

假设有 6 个传感器收到有效信号，则 $N=6$，有

$$\begin{cases} (x-x_1)^2 + (y-y_1)^2 + (z-z_1)^2 = v^2(t_1-t_0)^2 \\ (x-x_2)^2 + (y-y_2)^2 + (z-z_2)^2 = v^2(t_2-t_0)^2 \\ (x-x_3)^2 + (y-y_3)^2 + (z-z_3)^2 = v^2(t_3-t_0)^2 \\ (x-x_4)^2 + (y-y_4)^2 + (z-z_4)^2 = v^2(t_4-t_0)^2 \\ (x-x_5)^2 + (y-y_5)^2 + (z-z_5)^2 = v^2(t_5-t_0)^2 \\ (x-x_6)^2 + (y-y_6)^2 + (z-z_6)^2 = v^2(t_6-t_0)^2 \end{cases} \qquad (6\text{--}11)$$

假定第一个传感器离声发射源最近，以第一个传感器为基准，将其他方程减去第一个方程可以得到关于 x，y，z 和 t_0 的超定方程组，即

$$A\,X = B \qquad (6\text{--}12)$$

式中：

$$A = \begin{bmatrix} a_1 & b_1 & c_1 & d_1 \\ a_2 & b_2 & c_2 & d_2 \\ a_3 & b_3 & c_3 & d_3 \\ a_4 & b_4 & c_4 & d_4 \\ a_5 & b_5 & c_5 & d_5 \end{bmatrix}; \quad X = \begin{bmatrix} x \\ y \\ z \\ t_0 \end{bmatrix}; \quad B = \begin{bmatrix} e_1 \\ e_2 \\ e_3 \\ e_4 \\ e_5 \end{bmatrix}; a_i、\ b_i、\ c_i、\ d_i、e_i$$

为求差后超定方程组的系数，$i=1,2,\cdots,5$。

最小二乘定位算法的思想就是求 X 使每个方程的偏差的平方和最小，即使得目标函数

$$\sum_{i=1}^{5}\left(e_i - a_i x - b_i y - c_i z - d_i t_0\right)^2 \qquad (6\text{--}13)$$

达到最小。根据最小二乘定位算法，将求目标函数的最优解转换为求正则方程的解，即

$$A^{\mathrm{T}} A X = A^{\mathrm{T}} B \qquad (6\text{--}14)$$

从而求得声发射源的坐标。

2. 单纯形迭代定位算法

单纯形迭代定位算法是一种多胞形迭代定位算法，求解 n 维方程需要建立具有 $n+1$ 个不在同一超平面上顶点的单纯形，如三角形是求解二

维方程的单纯形，四面体是求解三维方程的单纯形。运用单纯形迭代定位算法对声发射源进行定位的基本原理如图 6-11 所示，图中 X^* 是所求的声发射源位置。

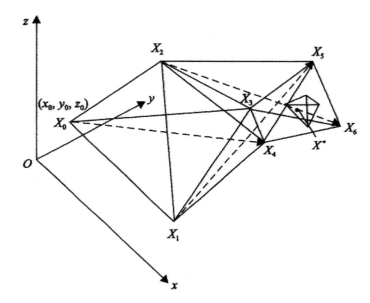

图 6-11　单纯形迭代定位算法基本原理

首先，选择单纯形迭代定位算法的初始值 $X(x_0, y_0, z_0)$，常用的选择方式如下。

①将几个传感器包围区域的中心点坐标作为初始值；

②将离声发射源距离最近的传感器的坐标作为初始值；

③预先设置一个初始值。

然后，判断以 X 坐标计算的目标函数值（计算的声发射信号理论到达时间与实际检测的声发射信号到达时间之间的残差平方和）是否小于预设误差值，若满足条件，则 X_0 点坐标即声发射源位置坐标；如果不满足条件，则需要根据预先设定的步长构建单纯形，得到另外 3 个点 X_1、X_2、X_3，判断这四个点的目标函数值的大小，找到最好点（目标函数值最小点）和最坏点（目标函数值最大点）。以最好点为基础构建新的单纯形，继续搜索新的更好点，如果搜索不到新的更好点，则减小步长，使单纯形缩小，从而"塌"向最小值，当单纯形上有一点的目标函数值满足误差要求后，搜索终止。

设迭代过程中声发射源的坐标为(x_0', y_0', z_0')，结合声发射信号在介质中的传播速度v可以求出声发射源至各传感器的传播时间t_{ci}：

$$t_{ci} = \frac{\sqrt{(x_i - x_0')^2 + (y_i - y_0')^2 + (z_i - z_0')^2}}{v} \qquad (6-15)$$

各传感器对应的信号到达时间残差ζ_i可表示为

$$\zeta_i = t_i - t_{ci} - t_0 \qquad (6-16)$$

设迭代过程中声发射的坐标为(x_0', y_0', z_0')，根据目标函数的定义，可得目标函数的数学表达式为

$$\sum_{i=1}^{n} \zeta_i^2 = \sum_{i=1}^{n} (t_i - t_{ci} - t_0)^2 \qquad (6-17)$$

迭代的最终目标即求解式（6-17）在定义域范围内满足误差要求的单纯形顶点。将式（6-15）代入式（6-17），可得传统单纯形迭代定位算法构件的目标函数如下：

$$\sum_{i=1}^{n} \zeta_i^2 = \sum_{i=1}^{n} \left[t_i - \frac{\sqrt{(x_i - x_0')^2 + (y_i - y_0')^2 + (z_i - z_0')^2}}{v} - t_0 \right]^2 \qquad (6-18)$$

6.3　声发射技术在对接焊缝检测中的应用

声发射技术的一个重要应用就是监测材料和零件的疲劳破坏。在此基础上，考虑到在交变荷载的影响下，通常的疲劳裂缝都是非常细小的。常规检测方法很难发现。所以，用声发射法来探测对接裂缝是最合适的。

目前，对对接裂缝的形成、发展进行实时监测，获取各周期裂缝的声发射信息，需要耗费大量的人力、物力，且受强背景噪声影响，很难

进行实时监测。为此，本节提出了一种基于声发射不可逆特性的间隙监测方法。利用这种监测方法，不但能对对接裂缝进行判定，而且能与其他断裂力学指标进行综合分析，对构件的使用寿命进行预估。要想用该方法进行疲劳寿命的计算，首先要了解对接焊缝的发展情况。

此外，还将利用声发射技术对渗碳、氮、硼等渗透层进行评估。目前常用的检测维氏硬度的方法主要是通过压入部位的断裂程度来判断材料的脆性，但存在着仅能定性而无法量化的缺陷。由于采用了新的表面处理方法，例如以离子渗氮取代气体渗氮，使得维氏硬度测试很难准确地判断渗透层的好坏，这时可以采用声发射技术对渗透层进行全面评估。在三点弯曲试验中，用声发射监测的方式，测定了裂纹应力及变形，以此来评价其承载力及脆性。

在多层熔接焊接中，利用声发射进行实时探测更具有实际的应用价值。对于一些大型零件，焊接接头长度可达到数百米甚至数千米，传统的探伤方式，所需探伤费用较高（约为零件造价的 5%)，若使用声发射法进行探伤，可减少探伤范围，大幅降低探伤费用。

用声发射技术来控制焊接质量的基本原理：在焊缝冷却过程中，焊缝及其热影响区的收缩与相变导致应力的不均匀分布，从而导致了对接焊缝的形成。图 6-12 为声发射信号与不锈钢气体保护焊多道钨极电弧焊质量的关系，图（a）表示完好的焊缝几乎没有声发射信号。图（b）和图（c）表示在第三道焊缝中添加了钼和钛，造成焊接裂纹（通过 X 射线摄影确认），并有许多声发射信号出现。其难点是如何消除噪声的影响。这主要是由于大部分的焊接工艺在焊接过程中存在很强的噪声，使得从焊缝本身发出的声发射信号很难被检测出来。因此，利用声发射技术对焊缝进行无损检测，其根本目的在于将裂纹萌生与发展过程中的有效声发射信号与噪声信号相分离。

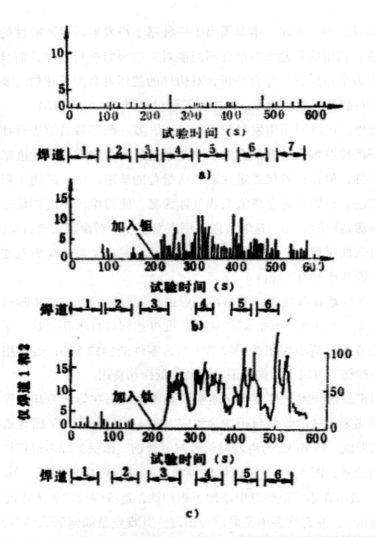

图 6-12　声信号发射技术与不锈钢气体保护焊多道钨极电弧焊质量的关系

随着科技的不断进步和应用需求的不断增加，声发射检测在对接焊缝检测中将呈现以下发展趋势。

（1）多参数检测，即同时检测多个参数，如声波信号、电磁信号、温度等参数，从而更全面、更准确地评估焊接质量，更准确地对不同的焊接缺陷进行识别和定位。

其中，声波信号是常用的参数。通过检测焊接过程中产生的声波信号，分析声波信号的特征来评估焊接质量。在多参数检测中，声波信号可以和其他参数结合起来，更加准确地识别焊接缺陷，例如疏松、裂纹、气孔等。此外，电磁信号和温度也是常用的参数。通过检测电磁信号和温度的变化，可以对焊接质量进行更全面的评估。

多参数检测的优点在于可以提高检测的准确性和可靠性。不同的焊接缺陷具有不同的特征，通过同时检测多个参数可以更好地识别和定位缺陷。此外，多参数检测可以提高检测的灵敏度和特异性，可以检测到更小的缺陷和更细微的变化。

然而，多参数检测也存在一些挑战和限制。多参数检测需要使用多个传感器，需要进行多个参数的信号采集和处理，增加了系统的复杂性和成本。此外，针对不同的焊接材料和焊接条件需要选择不同的检测参数，需要进行更加深入的研究和探索。

（2）自适应检测，即根据不同焊接材料和焊接条件自动调整检测参数，从而更好地适应不同的焊接需求和条件。

传统的声发射检测通常需要事先确定好检测参数，而自适应检测可以自动根据实际焊接条件进行检测参数调整，从而更加灵活和高效。

在自适应检测中，关键是如何选择合适的参数和算法来实现自适应。一种方法是使用人工智能技术，例如机器学习和深度学习，通过对大量数据进行训练，建立自适应模型，根据实际焊接条件进行预测和调整。另一种方法是基于反馈控制的思想，通过实时监测焊接过程中的参数变化，根据变化情况实时调整检测参数。

自适应检测的优点在于可以提高检测的灵敏度和准确性，可以更好地适应不同的焊接需求和条件，提高检测的效率和可靠性。此外，自适应检测也可以提高检测的自动化程度，降低人为因素的干扰，减少操作员的工作。

然而，自适应检测也存在一些挑战和限制。首先，自适应检测需要建立合适的模型和算法，需要进行大量的数据采集和处理，需要投入较大的研究和开发成本。此外，自适应检测需要考虑到不同焊接材料和焊接条件的差异，需要进行更加深入的研究和探索。

（3）智能化检测，即将人工智能和机器学习技术应用于声发射检测中，以实现自动化、高效化的检测，从而提高检测的效率和准确性。

智能化检测是未来声发射检测的发展方向之一。随着人工智能和机器学习技术的不断发展和应用，智能化检测在声发射检测中也将得到广泛应用。

智能化检测可以通过将传感器采集到的声波信号与大量已知的焊接数据进行比对和分析，来判断焊接质量是否符合标准要求。这种方式比传统的人工判断更加快速和准确，可以帮助检测人员更好地识别问题并采取适当的措施。

另外，智能化检测还可以根据焊接历史数据和实时监测数据，通过机器学习算法预测焊接缺陷的可能性，及时预警并进行处理。这种预测性维护可以大大减少未来的设备故障和生产损失，提高生产效率和质量。

总之，智能化检测将会使声发射检测更加智能化、自动化、高效化，并会进一步提高焊接质量的稳定性和可靠性，具有广阔的应用前景和市场潜力。

（5）系统集成化，即将声发射检测与其他检测技术和设备集成在一起，实现全面、多角度、多参数的检测，从而更好地保证焊接质量和可靠性。

例如，可以将声发射检测与红外热像仪、X射线检测仪等相结合，实现多种检测手段的协同作用。这样的系统集成化可以提高检测效率，增强检测精度，避免漏检和误检，从而更好地保证焊接质量和可靠性。

此外，系统集成化还可以通过与智能化检测技术相结合，实现自动化、高效化的检测，从而减少人工干预和误判的风险，提高检测效率和准确性。

（5）应用领域拓展，声发射检测将趋向于应用领域的拓展，它不仅应用于传统焊接领域，还将应用于新兴领域，如 3D 打印、先进制造等领域，从而实现更广泛的应用和推广。

随着先进制造技术的发展和应用，声发射检测将有更多的机会拓展其应用领域。在 3D 打印领域，声发射检测可以用于检测打印过程中的缺陷和裂纹，以提高 3D 打印的质量和可靠性。在航空航天领域，声发射检测可以用于检测飞机和航天器的焊接连接和结构，以提高其安全性和可靠性。在汽车制造领域，声发射检测可以用于检测汽车零部件的焊接质量，以提高汽车的安全性和耐久性。此外，声发射检测还可以应用于建筑、桥梁、电力等领域，检测焊接结构的可靠性和稳定性。未来，随着声发射技术的不断发展和完善，其应用领域将会更加广泛。

6.4　声发射技术在角焊缝检测中的应用

角焊缝通常是指在两个零件的交接处进行的焊接，如 T 形、L 形、K 形等。角焊缝的缺陷通常包括裂纹、气孔、夹渣等，这些缺陷会导致焊缝的强度降低，从而影响整个焊接结构的强度和稳定性。

声发射技术是一种能够通过检测材料内部的微小声波信号来判断其缺陷的技术。在检测角焊缝时，需要先将检测对象放置在一个夹具上，使其保持稳定。接下来，将声发射传感器固定在夹具上，使其能够直接接触焊缝表面，并将传感器连接到声发射检测仪上。

在角焊缝的声发射检测中，需要先将角焊缝表面清洁干净，并采用专用传感器对其进行检测。传感器通常采用高灵敏度的压电传感器，其内部集成了微型化的前置放大器和滤波器，它们可以对声波进行高精度、高灵敏度的检测。

在进行检测时需要对角焊缝施加一定的外力，以引起声波的产生。常用的方法包括敲打、冲击、振动等。声发射传感器会对焊缝表面进行连续监测，一旦发现缺陷，就会发出微小的声波信号。这些信号会被传感器捕捉并传送到声发射检测仪中进行分析。根据信号的频率、强度、持续时间等特征，可以判断焊缝中是否存在缺陷，以及缺陷的位置和严重程度。

检测时，传感器会将声波信号转换成电信号，通过数据采集系统进行数字化处理和分析。在数字化处理中，通常采用傅立叶变换、小波变换等信号处理方法，以分离出不同频率的声波信号，并对其进行分析和识别。

对于角焊缝的声发射检测，需要根据实际情况选择不同的参数和检测方法。例如，可以根据焊缝的形状和尺寸确定检测位置和检测参数，以提高检测的准确性和可靠性。

6.5 声发射技术在电渣焊缝检测中的应用

电渣焊缝中声波信号的产生源于焊接过程中金属的熔化和凝固。在焊接过程中，电流通过电极和工件之间的接触面进入工件，使工件表面产生电弧，并在电极和工件之间形成一定大小的弧间隙。弧光和弧渣的形成会产生各种声波信号，包括热应力声、扰动声、脉冲声等。

热应力声是焊接过程中热量的不断输入，使焊缝中存在温度梯度，导致不同部位存在应力差异，从而产生的声波信号。扰动声是电弧和弧渣的产生导致的气体扰动，产生的声波信号。脉冲声是电弧的不稳定性和电弧熄灭时的爆炸效应导致的短暂的高能量声波信号。

声发射技术在电渣焊缝检测中的应用主要有以下几种方法。

1.单通道检测方法

单通道检测方法是基本的声发射检测方法之一，其原理是通过在焊缝中设置一个声发射传感器，监测焊接过程中产生的声波信号，并记录下声波信号的参数变化。这种方法可以用于对焊接过程中的声波信号进行实时监测和分析，以评估焊接质量。

在焊接过程中，由于热影响、残余应力和其他因素，焊缝会产生不同类型的声波信号。这些声波信号可以用来评估焊接质量，例如焊接接头的完整性和强度。单通道检测方法可以实时监测和分析这些声波信号，以便及时发现潜在的缺陷和问题。

在实际应用中，单通道检测方法通常配合声发射检测系统来使用。这种系统通过将声发射传感器和数据采集设备相结合，可以实现对焊接过程中的声波信号进行实时监测、记录和分析。此外，还可以使用信号处理技术来进一步提高检测精度和准确性。

单通道检测方法具有简单易操作、成本低廉、适用范围广等优点，可以用于评估焊接质量、发现潜在的缺陷和问题。

2. 多通道检测方法

多通道检测方法是一种高级的声发射检测方法，其原理是通过在不同位置设置多个声发射传感器，对电渣焊缝中的声波信号进行同时采集和分析，从而获取更全面、更准确的焊接质量信息。多通道检测方法可以有效地避免单一传感器无法覆盖整个焊接区域的缺点，从而提高检测的准确性和可靠性。

在多通道检测方法中，每个声发射传感器都可以获取焊接区域内的声波信号，并将信号通过电缆传输到中央处理器进行分析。中央处理器可以对所有传感器采集到的声波信号进行比较和分析，通过算法判断焊接质量是否符合要求。多通道检测方法具有高效、全面、准确等优点，可以在电渣焊缝中发挥重要作用。

除了多通道检测方法外，还有一些其他的声发射检测方法也可以应用于电渣焊缝的检测中。例如，时域反演方法可以通过对声波信号进行反演计算，推断出焊接区域内的焊缝缺陷情况；频域分析方法可以将声波信号转化为频率域数据，进而分析焊接区域内的共振频率、谐波等信息。

综上所述，声发射技术在电渣焊缝中的应用具有重要意义，可以提高焊接质量检测的准确性和可靠性，同时也可以为焊接工程提供技术支持和保障。未来，随着声发射技术的不断发展和应用，相信其在电渣焊缝中的应用将会更加广泛和深入，为相关领域的发展和进步做出更大的贡献。

6.6　声发射检测数据的分析方法

在对声发射检测数据进行分析时，需要将收集到的声波信号进行处理和解析。先进行信号滤波，以消除噪声和其他干扰因素。然后，可以利用数字信号处理技术，对信号进行时域分析和频域分析。在时域分析中，可以利用峰值检测技术和谷值检测技术，确定信号中的最高峰值和最低谷值。这些峰值和谷值可以用于确定被检测物体中的缺陷或者损伤的位置。在频域分析中，可以利用快速傅立叶变换等，确定信号中的频率成分和能量分布情况。这些信息可以用于确定被检测物体中的缺陷或者损伤的大小和类型。

除了时域分析和频域分析外，还有其他一些常用的声发射检测数据分析方法，例如时频分析、小波分析和模式识别等。时频分析可以帮助确定信号中的时域和频域信息的变化规律，以便更精确地确定缺陷或者损伤的位置和类型。小波分析可以帮助在不同时间和频率范围内分析信号，以获得更全面的信息。模式识别可以帮助将信号与已知的缺陷或者损伤模式进行比较，从而确定被检测物体中的问题类型。

声发射检测数据的分析方法还需要考虑许多因素，例如信噪比、采样频率、滤波器的选择等。信噪比是指信号与噪声的比值，信噪比高则代表信号的清晰度高。采样频率是指在一定时间内对信号进行采样的次数，采样频率高则代表信号的精度高。滤波器的选择可以帮助消除噪声和其他干扰因素，从而提高信号质量和清晰度。

在应用声发射技术进行缺陷或者损伤检测时，还需要根据被检测物体的特点和问题类型，选择合适的检测方法和参数。例如在检测桥梁的结构完整性时，通常需要进行长期监测，并结合温度、风力等因素进行分析，以便及时发现并处理潜在问题。而在检测机器设备的疲劳损伤时，则需要根据不同的设备类型和工作环境，选择合适的检测方法和参数。

对于声发射检测数据的分析还可以利用机器学习和人工智能等技术。例如，可以使用支持向量机（SVM）、神经网络和深度学习等算法，对声发射检测数据进行分类和预测。这些技术可以帮助工程师和技术人员更快速、准确地识别和定位材料中的裂纹、缺陷和疲劳等问题，提高声发射检测技术的精度和效率。

此外，随着声发射技术的不断发展，也出现了许多新的应用和领域。例如，在纳米材料和生物医学领域中，声发射技术也被广泛应用。同时，也出现了一些新的声发射检测设备和方法，例如采用激光光纤传感器的光纤声发射技术和采用电容传感器的电容声发射技术等。

然而，声发射技术也存在一些局限性和挑战。例如，对于复杂结构的材料，其声发射信号可能会受到干扰和噪声影响，从而影响声发射检测数据的精度。在实际应用中，由于环境的影响，如温度、湿度和气压等因素的变化，也可能会影响声发射检测数据的分析和解析。

声发射检测是一种重要的非破坏性检测，声发射检测数据的分析方法对于保证其精度和有效性至关重要。在未来，声发射检测有望在更多的领域得到广泛应用，同时也需要继续发展和完善其数据的分析方法，以应对不断变化的科技和工程挑战。

声发射检测数据的分析方法是对声波信号进行分析和处理的方法，目的是确定被检测物体中存在的缺陷或者损伤的位置和大小。下面将介绍几种常见的声发射检测数据的分析方法。

1. 峰值检测法

峰值检测法是一种常用的时域分析方法。在声发射检测过程中，当声波信号传播到被检测物体中的缺陷或者损伤时，会产生一个声波脉冲。这个脉冲的幅值通常比周围的噪声大很多，因此可以通过检测声波脉冲的最高峰值来确定缺陷或者损伤的位置。

2. 频域分析法

频域分析法是一种基于信号频率特征的分析方法。在声发射检测中，声波信号通常包含多个频率成分。通过对信号进行傅立叶变换，可以将信号转换为频域信号，进而确定信号中各个频率成分的能量分布情况。通过比较被检测物体中存在缺陷或者损伤的声波信号与正常情况下的信号，可以发现不同的频率成分之间的差异，从而确定缺陷或者损伤的位置和大小。

3. 时频分析法

时频分析法是一种同时考虑时域和频域特征的分析方法。在声发射检测中，声波信号通常具有时变性质，即信号的频率成分和幅值会随时间发生变化。时频分析法可以对信号在时域和频域上同时进行分析，从而得到信号随时间变化的频率和幅值信息，进而确定缺陷或者损伤的位置和大小。

3. 统计分析法

统计分析法是一种基于信号统计特征的分析方法。在声发射检测中，信号的峰值、持续时间、波形等特征可以通过统计分析的方法得到。通过比较被检测物体中存在缺陷或者损伤的声波信号与正常情况下的信号的统计特征，可以发现不同之处，从而确定缺陷或者损伤的位置和大小。

这些声发射检测数据分析方法通常会结合使用，以达到更准确的检测效果。

此外，声发射检测数据的分析方法还可以结合图像处理技术，将声波信号转换为可视化的图像，以便更直观地观察缺陷和损伤的位置和大小。例如，通过声发射检测和图像处理技术，可以在飞机机翼上检测出微小的裂纹，并通过图像显示出来，便于工程师进行修复。

声发射检测数据的分析方法是声发射技术中非常重要的一个环节，能够帮助工程师和技术人员快速、准确地确定被检测物体中存在的缺陷或者损伤，以保障设备和结构的完整性和安全性。随着数字信号处理和图像处理技术的不断发展，声发射检测数据的分析方法也在不断创新和完善，为工程检测和维护提供了更加高效和精确的工具。

第7章　结论和展望

7.1　结论

在船舶、石油、电力、冶金、汽车等领域，焊接是目前应用较为广泛的一种工艺，尤其对于钢结构，焊接工艺是钢结构施工和保障建筑安全的重要措施。在焊接生产中，由于多种因素的影响，焊缝和热影响区的钢结构容易发生裂缝，从而影响焊接结构的性能以及使用的安全性和焊接构件的制造效率。声发射技术能够快速、准确地对焊接裂纹进行在线检测，为焊接裂纹的抑制提供实时的先验数据，保证焊接构件生产的高效率，这是确保焊接质量的关键。

对钢结构焊缝裂纹进行在线检测的关键是如何找到和选取能充分反映焊缝裂纹扩展过程的物理信息。在焊接冷却过程中，由于受力变形、结晶凝固、位错运动、裂纹或状态的变化，都会导致 AE 信号的出现。通过对接收到的 AE 信号的分析，可以对焊缝的裂纹进行检测和识别，其基本思路是利用裂纹形成和扩展的 AE 信号，提取出能反映裂纹形状和位置的 AE 信号特性。根据这些特征，可以对钢结构焊缝的裂纹进行检测和识别，从而达到对焊缝进行在线检测的目的。AE 技术是一种动态在线无损检测技术，它可以实时反映金属结构的动态，它在结构损伤检测、机械故障诊断、设备运行状态检测等各方面都得到了广泛的应用。在钢结构焊缝中，当裂纹状态发生改变时，AE 信号是一种由材料内部能量释放而成的弹性波，它可以更好地反映结构和物质的状态变化。本书提出了一种基于 AE 技术的方法，用于对典型焊接构件的疲劳裂纹进行定位和检测。

7.2 展望

本书首先介绍了声发射技术在金属材料损伤诊断中的应用。目前，在近50年的研究中，有关的理论与技术已趋于完善，但仍有发展空间。下面主要介绍两方面的展望。

声发射技术在未来有着广泛的应用前景和发展空间。随着科技的不断进步和创新，声发射技术也将迎来更多的机遇和挑战。

首先，声发射技术将继续在现有的应用领域得到广泛应用。在航空航天、交通运输、能源和建筑等领域，声发射技术将继续用于检测各种材料中的裂纹、缺陷和疲劳等问题，以确保设备和结构的完整性和安全性。此外，声发射技术也将在新兴领域得到应用，如生物医学、新材料等领域。

其次，随着数字化和智能化的不断发展，声发射技术也将向着数字化和智能化的方向发展。数字化声发射技术将能够更加快速、准确地处理和分析检测数据，并实现对检测结果的自动化和实时监测。智能化声发射技术将能够结合机器学习和人工智能等技术，进一步提高检测的精度和效率。

最后，随着新材料和新工艺的不断涌现，声发射技术也将面临新的挑战。新材料和新工艺可能会带来新的缺陷和问题，需要开发新的检测方法和技术。因此，声发射技术需要不断创新和改进，以应对新的挑战和机遇。

综上所述，声发射技术在未来将继续得到广泛应用，并向着数字化、智能化和多样化的方向发展，为工程检测和维护提供更加高效、精确的工具。

由于声发射技术可以在非接触、高效、快速的方式下进行检测，因此在制造业中的应用也越来越广泛。例如在汽车制造中，声发射技术可以用于检测发动机中的裂纹、缺陷和疲劳等问题，以确保汽车的质量和安全性。

未来，声发射技术还有很大的发展潜力。随着物联网、大数据和人工智能等技术的不断发展，声发射技术也可以更好地应用于实际生产中。例如，可以利用物联网技术实现对设备的远程监测和预警，使得设备故障可以被及时发现和解决，从而提高设备的可靠性和稳定性。同时，结合大数据和人工智能技术，可以实现声发射检测数据的自动化处理和分析，减轻人工处理数据的工作量，提高数据分析的准确性和效率。

　　综上所述，声发射技术在工程领域中具有重要的应用价值，未来也将在物联网、大数据和人工智能等领域中得到更广泛的应用和发展。

参考文献

[1] 赵奎，何文，曾鹏.导波声发射及次声波监测在矿山应用的理论与试验 [M].
北京：冶金工业出版社，2018.

[2] 王祖荫.声发射技术基础 [M].济南：山东科学技术出版社，1990.

[3] 袁振明，马羽宽，何泽云.声发射技术及其应用 [M].北京：机械工业出版社，
1985.

[4] 阳能军，姚春江，袁晓静，等.基于声发射的材料损伤检测技术 [M].北京：
北京航空航天大学出版社，2016.

[5] 于金涛.声发射信号处理算法研究 [M].北京：化学工业出版社，2017.

[6] 周俊，朱文耀，王超.基于机器学习的声发射信号处理算法研究 [M].北京：
电子工业出版社，2020.

[7] 王建新，隋美丽.水分胁迫声发射信号分析与处理 [M].北京：化学工业出
版社，2016.

[8] 门进杰，兰涛，周琦，等.混凝土构件的声发射性能：试验、理论和方法 [M].
北京：科学出版社，2020.

[9] 李青，杨帆，王春，等.基于声发射技术的桥梁关键钢筋混凝土构件损伤
监测与评价 [M].北京：人民交通出版社股份有限公司，2017.

[10] 左红艳.地下金属矿山采场围岩声发射信号混沌辨析及其灾变预警分析
[M].北京：中国水利水电出版社，2022.

[11] 全国无损检测标准化技术委员会，中国标准出版社．无损检测标准汇编：综合、人员、声发射检测、泄漏检测、应力检测 [M]．北京：中国标准出版社，2021.

[12] 杨永杰，马德鹏．岩石三轴卸围压损伤破坏机理及声发射前兆特征 [M]．北京：煤炭工业出版社，2017.

[13] 冯小静．岩石破坏细观机理及失稳前兆声发射特征的研究 [M]．徐州：中国矿业大学出版社，2016.

[14] 姜长泓，初明，刘克平．轨道车辆轮轴声发射检测技术研究 [M]．长春：东北师范大学出版社，2013.

[15] 冶金工业部金属研究所．声发射 [M]．北京：科学出版社，1972.

[16] 何宽芳，彭延峰，卢清华．焊接裂纹声发射检测 [M]．北京：科学出版社，2021.

[17] 岳健广．基于声发射技术的混凝土结构损伤性能分析 [M]．北京：中国轻工业出版社，2021.

[18] 周伟．纤维增强复合材料声发射检测技术 [M]．北京：中国石化出版社，2020.

[19] 孙朝明，汤光平，唐兴，等．抗氢钢焊缝的声发射检测分析 [J]．压力容器，2010，27（5）：54-59，63.

[20] 蒋鹏飞．用声发射传感器的焊缝跟踪控制研究 [J]．电焊机，1994（2）：4-8.

[21] 张进，柴孟瑜，项靖海，等．316LN 不锈钢断裂过程的声发射特性 [J]．材料研究学报，2018，32（6）：415-422.

[22] 朱洋，罗怡，谢小健，等．激光 - 微束等离子弧复合焊接过程的结构负载声发射信号表征 [J]．焊接学报，2016，37（9）：96-100，133.

[23] 张维刚，徐彦廷，王强，等．声发射技术在钢包耳轴环形焊缝安全检测中的应用 [J]．安全与环境学报，2013，13（3）：260-264.

[24] 叶亮，李权彰，路广遥．SA508 低合金钢焊缝疲劳裂纹声发射信号特征识别研究 [J]．工业技术创新，2020，7（5）：112-117.

[25] 贠智强．基于盲目反卷积的 X90 钢腐蚀声发射源信号反演研究 [D]．青岛：青岛科技大学，2021.

[26] 彭国平，张在东，卢超，等.焊缝声发射源二维时间反转成像定位方法研究 [J].南昌航空大学学报（自然科学版），2017，31（3）：90-94.

[27] 唐嘉淇.正交异性钢桥面板焊缝力学行为研究 [D].呼和浩特：内蒙古大学，2020.

[28] 许颜涛.铸钢及其对接焊缝疲劳裂纹扩展及声发射监测研究 [D].天津：天津大学，2019.

[29] 高山.基于声发射原理的蒸冷器焊缝裂纹在线监测技术研究 [D].北京：北京化工大学，2019.

[30] 孔德慧.高强钢焊接冷裂纹声发射检测及评价方法研究 [D].大庆：东北石油大学，2018.

[31] 刘湘楠.铝合金平板结构焊缝裂纹声发射检测方法研究 [D].湘潭：湖南科技大学，2017.

[32] 李昌基.基于激光声发射技术的金属焊缝板损伤识别与定位研究 [D].青岛：中国石油大学（华东），2017.

[33] 常海.基于声发射的风电塔筒缺陷诊断监测技术研究 [D].兰州：兰州理工大学，2017.

[34] 周俊鹏.SPV490Q 钢焊接冷裂纹声磁特性及实验方法研究 [D].大庆：东北石油大学，2017.

[35] 谢伟峰.超声－电弧等离子体作用机制及焊接特性研究 [D].哈尔滨：哈尔滨工业大学，2016.

[36] 姜宜成.风电塔筒检测中声发射技术的应用研究 [D].兰州：兰州理工大学，2016.

[37] 易冠英.铝合金搅拌摩擦焊接头缺陷的无损检测研究 [D].沈阳：沈阳航空航天大学，2016.

[38] 李博.核电站用 304 不锈钢焊接接头组织和应力腐蚀行为研究 [D].天津：天津大学，2016.

[39] 张昌稳.Q245R 钢焊接接头断裂过程的声发射研究 [D].福州：福州大学，2014.

[40] 朱荣华 . 强噪声环境下 7N01 铝合金损伤声发射监测研究 [D]. 哈尔滨：哈尔滨工业大学，2013.

[41] 张新明 . 基于声发射技术的焊接过程信号研究 [D]. 南京：南京理工大学，2013.

[42] 宋明大 . 多层包扎尿素合成塔检验与剩余寿命评估方法研究 [D]. 济南：山东大学，2008.

[43] 周德田 . 基于压电信号尾波干涉的焊缝缺陷监测研究 [D]. 大连：大连理工大学，2021.

[44] 刘哲军，邱斌，张志超，等 . 钛合金球形贮箱异常声发射信号分析 [J]. 宇航材料工艺，2020（5）：83–87.

[45] 李锦鹏 . AZ91 镁合金搅拌摩擦焊接头热处理强化及其断裂韧度研究 [D]. 太原：太原理工大学，2019.

[46] 苏应虎 . 基于声发射 AZ31B 镁合金及其电子束焊接头疲劳裂纹扩展行为研究 [D]. 太原：太原理工大学，2018.

[47] 谢小健 . 不锈钢脉冲激光焊接等离子体特征信息研究 [D]. 重庆：重庆理工大学，2017.

[48] 赵超凡 . 含细观缺陷的焊接构件损伤跨尺度演化分析方法及其应用 [D]. 南京：东南大学，2016.

[49] 张盛瑀 . 15CrMoR 试件焊接冷裂纹声发射特性的实验研究 [D]. 大庆：东北石油大学，2015.

[50] 刘治东 . 空间碎片超高速撞击载人密封舱在轨感知技术研究 [D]. 哈尔滨：哈尔滨工业大学，2014.

[51] 李维修 . 几种典型结构的空间碎片在轨感知声发射源定位技术研究 [D]. 哈尔滨：哈尔滨工业大学，2013.

[52] 王岩 . 基于光纤声发射的起重机械监测系统应用研究 [D]. 太原：中北大学，2013.

[53] 张涛 . 海洋平台导管架对 AE 波传播机制影响研究及设备智能点检系统开发 [D]. 北京：北京化工大学，2011.

[54] 刘志平，万当，贾腾飞. 箱形结构焊缝声发射源定位技术 [J]. 起重运输机械，2010（11）：88–90.

[55] 赵茹. 核电用不锈钢应力腐蚀电化学检测研究 [D]. 天津：天津大学，2009.

[56] 吴占稳. 起重机的声发射源特性及识别方法研究 [D]. 武汉：武汉理工大学，2008.

[57] 袁少波. 焊接裂纹声发射监测技术的研究 [D]. 重庆：重庆大学，2006.